海洋100問

第一本扣合中小學自然課綱的海洋百科！

文——潘昌志 暢銷科普作家
《震識：那些你想知道的震事》部落格共同創辦人

圖——陳彥伶

最強圖解 × 超酷實驗

破解一百個不可思議的

大·海·祕·密

序文

第一本融合臺灣觀點與海洋教育的海洋百科

還記得當初被詢問編著《地震100問》的意願時，我歡欣鼓舞的接下任務。然而再次獲邀編著《海洋100問》時，卻猶豫了好一陣子。「包山包海」常用來形容涵蓋事物之多，但實際上跟「山」比起來，「海」的知識是如此浩瀚無邊，這也是我編寫本書時最深刻的感受，一下子要找尋生物的分類與演化相關知識，換個章節就變成要找尋船舶航行的規定或是工程技術。海洋百科需要從不同的知識體系中，整理出以海洋為主體的脈絡，再轉化為科普文章，工程更為浩大！

感謝恩師相助、編輯的齊心協力

在設定本書的監修團隊時，我和編輯群苦思許久。最後，還是鼓起勇氣寫信給母校的劉家瑄教授，並立刻收到回覆。劉家瑄教授從臺大海洋中心推廣科普教育的初衷出發，更為我們邀請了戴昌鳳教授和曾于恒主任鼎力相助。有這些臺灣頂尖的海洋學家把關，讓我對於本書的專業領域更加安心。

專業有分工、編輯也需要分工，本書的編寫難度高，在前期作業時著實讓我一直延後交稿，壓縮了編輯作業時間。包括欣靜總編、編輯淳雅、嬿馨、柏諺等，都是同時平行作業、火力全開的編輯，繪者彥伶更讓我覺得是用上三頭六臂協助這本書，也感恩親子天下編輯團隊用了120%的力量來面對這本書的挑戰。

知識在地化真的很重要，海洋百科亦然

大部分國中小適讀的海洋百科，多半來自國外譯作，雖然輕鬆簡單又不失專業，但總覺得少了些什麼？進一步探究，應該就是缺乏對臺灣鄰近海洋環境的認識。所以我在設定各主題時，經常會思考，周遭的海洋有哪些特別之處？有哪些特有生物、有沒有在地化知識？此外，臺灣與國際政治的情勢與海洋環境影響也相當重要，比如本書也有提及專屬經濟區、「島」與「礁」之爭議的南海仲裁等。這既是政治與外交議題，也是涉及科學的議題。

願能拋磚引玉，推廣海洋教育

臺灣雖然四面環海又有豐富的海洋資源，但我一直覺得海洋教育相當缺乏，即便是108課綱已加強融入海洋教育的議題，教科書的著墨仍未見顯著增加。在體制內難以充實的海洋素養，或許可以透過優質的課外讀物來補足。本書的編寫除了考量到連結課程綱要，也嘗試擴大海洋教育融入生活的可能性，當然更重要的是，觀看這本書的孩子與家長，都能更親近海洋、了解海洋，讓臺灣的「海洋立國」更能實至名歸。

————潘昌志

科普作家

海洋是地球上最大的生態系統，相關的科學知識包羅萬象。作者精心選擇了100個問題，搭配精彩的繪圖，以簡明的解說，呈現海洋的各種面貌。透過這些饒富趣味的問答，不僅可讓讀者瞭解海洋，更可激發探索海洋奧祕的興趣。

————戴昌鳳、劉家瑄

國立臺灣大學海洋研究所教授

居住在四面環海的臺灣，我們怎能錯過這片孕育地球生命的海洋呢？《海洋100問》利用簡潔的文字搭配精彩圖片以及簡易的實驗，透過有趣的問答，清楚的解釋許多面向的海洋現象與知識，極力推薦這本適合親子共同閱讀的第一本海洋書，探索海洋中的祕密！

————曾于恒

國立臺灣大學海洋研究所教授暨臺大海洋中心主任

目錄

藏在海水裡的祕密

Q1 ••• Q19 ••••••••••

多采多姿的海洋生態

Q20 ••• Q33 ••••••••••

形形色色的海岸　Q34 ···· Q51 ·········

與海洋和平共處

Q86 ···· Q100 ·········

怎麼使用這本書？

這本書會解答所有你想知道的海洋疑問，還會告訴你有趣的海洋環境典故及小常識，並設計簡單又生活化的「海洋小實驗」讓你從實作中體驗海洋科學的奧祕。

科學的六大主題

由淺入深，涵括海洋與地球科學中最有趣也最重要的六大主題。

 藏在海水裡的祕密

 多采多姿的海洋生態

 形形色色的海岸

 臺灣周圍的海洋

 如何探索海洋

 與海洋和平共處

實驗時的注意事項

 海洋小實驗

① 有時候可能無法做一次就成功，別放棄，多試幾次就會成功。

② 實驗時如果需要使用到剪刀、小刀等器材，一定要注意安全。

1 Q＋數字＋問題
這一頁想跟孩子一起探討的海洋現象。

2 A
簡單扼要的解答。

3 解答的說明
更清楚的說明解答，同時也告訴你更多相關的海洋知識。

4 圖解、圖表與照片
圖解化的資訊，輔助說明海洋環境的成因與影響。

5 海洋小實驗
與這一系列海洋問題相關的實驗，透過容易取得的器材和簡單的實驗步驟，帶領你自行模擬類似海洋物理原理與觀測。

出場人物

我們會帶大家去認識各種有趣的海洋祕密喔！

陽陽

美人

阿章

小夏

Q6 海水到底是藍色還是透明的？

A 海水是幾乎透明的，我們看到的藍色大海是陽光散射所造成。

夕陽和藍光讓大海色彩繽紛！

觀察拍上岸的海水，或用透明的杯子裝一杯海水來看看，你會發現海水本身是接近透明無色的。

看似白色的陽光實際上是由不同的色光組合而成。碰到海水時，藍光比較容易被散射出來，被我們的眼睛接收到，因此以為海水是藍色。

海洋小知識 有紅色的海嗎？

「紅海」是位在阿拉伯半島與非洲東北部之間的狹長海域。其實大部分時間，紅海都還是呈現藍色。之所以被稱為紅海，有人說是因為當地海中會隨季節變化出現大量藍綠菌，讓海水變紅；也有人說是因為海面映出了紅色陸地的倒影，所以呈現紅色。

不過，就算沒有看過紅海，你也可能親眼看過紅色的海——那就是映照出夕陽、橘紅天空的海面！

紅海靠近以色列的景象

Q7 海水可以喝嗎？

A 海水鹽分太高，千萬不能當作飲用水喝。但戲水時不小心喝到一點，倒不用緊張。

就叫你不要喝那麼多海水吧！

和人體比起來，海水含有的鹽分濃度太高，比血液還要鹹四倍！

如果喝下大量的海水，身體得動用更多水，才能排掉海水帶來的鹽，容易出現「脫水現象」，如口乾舌燥、暈眩又心悸等。

除了人類，很多以淡水維生的動物，也不能生活在海裡。就算牠們會游泳，卻很可能因喝太多海水而脫水導致生命危險！

地科小實驗 利用脫水原理做泡菜

● 準備器材：一些蔬菜，例如1/4顆高麗菜或大白菜，或半條白蘿蔔；兩個夾鏈袋、食用鹽。

● 實驗步驟：

① 將蔬菜切小片，秤出100克裝入夾鏈袋，共裝2袋。

② 分別在袋中加入5克和20克的鹽，密封好，並搖晃搓揉，讓鹽和菜混合均勻。

③ 靜置1小時後回來看看。蔬菜出水了嗎？比比看哪一袋出水較多？

醃漬泡菜就是利用鹽分讓蔬菜脫水、延長保存時間。通常鹽越多、杯置越久都會增加出水量。如果要製作可食用的泡菜，要注意鹽不能放太多，並用開水沖洗去多餘的鹽再食用，否則吃太多太鹹，就變成人體脫水啦！

海洋100問
藏在海水裡的祕密
Q01 → Q19

海水是地球上最多的水體，
地表大部分的陸地都被海水淹沒，
但海水到底是怎麼來的？有什麼特殊的性質？
海水又是如何流動？怎麼影響地球的氣候呢？
一起來發現深藏在海水裡的祕密吧！

Q1 地球一開始就有海洋嗎？

A 地球早期溫度太高，只有岩漿海。直到地表冷卻、下雨，才出現以水為主的海。

地球形成初期，頻繁發生劇烈的隕石撞擊，因此地球上到處是滾燙的「**岩漿海**」，還有大量的火山活動，不斷噴出高溫氣體。

有些科學家認為我們現在的「水」是小行星帶來的。

也有人認為水主要來自火山釋出的氣體。

在高溫下，水會一直蒸發成水蒸氣，直到地球表面降溫，氣體可以凝結成水滴、下雨，水才能慢慢在地表累積。

地球花了幾億年反覆的下雨、蒸發、再下雨……之後，液態的水才漸漸在大約35億年前累積成海洋。

Q2 其他太陽系的行星有沒有海洋呢？

A 目前的研究中，只有地球表面有大量又溫暖的液態水。

 要讓行星中的水保持液態，跟太陽的距離就不能太遠或太近，不然水就會結凍或蒸發。

只有我位置最剛好！

冷呀！

太陽　　金星　　地球　　火星

我的海在厚冰層下唷！

我的是甲烷海！

木衛二歐羅巴　　土衛六泰坦

 木星和土星有幾顆衛星可能有海洋，但不是被表面的厚冰層覆蓋住，就是由「水」以外的成分組成，都不適合已知生命生存。

Q3 地球上到底有多少海水？

A 地表上全部的海水大約超過13億立方公里！

地球表面的水分，有97%在海洋裡面，只有3%是陸地上的冰、河水、湖水和地下水等淡水。

海洋占據了地球表面的71%，相當於500億座足球場的面積呢！當我們從太空看地球，「海洋」應該是地球最明顯的特徵了！

臺灣最大的曾文水庫，總容量還不到1立方公里啊！

NASA科學家利用衛星拍攝、組合成的地球照片。

Q4 海水會不會乾掉？

A 海平面受地表溫度變化影響可能時高時低，但在我們有生之年都很難見到海水自然乾掉。

雪和冰

水循環

融雪

降水

蒸發

河流

海洋

 地球表面的水會在大氣層中不斷循環：海水吸收熱，變成蒸氣蒸發到大氣中，然後凝結成雲，再變成雨或雪等落到地表，最後又會回到海裡。

淡水湖

跟著大氣逸散到太空中的水非常微量，幾十億年內海水都不會乾掉。

地下水

海洋小知識 冰期的海水到底多低？

海水雖然不會完全乾掉，但海平面的上升和下降可是會有很大的高低差喔！

地球漫長的歷史中，總是交替經歷特別寒冷的冰河時期，又稱「**冰期**」；以及像現在這樣溫暖的時期，稱為「**間冰期**」。

冰期時，海水蒸發來到陸地後就變成了冰雪，很難再回到海中，導致海平面越來越低。在最近一次的冰河時期中，全球平均的海平面比現在低了120公尺。換句話說，2萬年前左右，臺灣海峽就是一片陸地，亞洲大陸的動物可以直接走到臺灣來呢！

120公尺，差不多有40層樓高耶！

Q5 海水就是加了食鹽的水嗎？

A 食鹽只占海水的一部分，海水中其實有許多不同的元素。

 1000公克的海水中，約有35公克是鹽類，鹽類中大部分是我們平常吃的食鹽「**氯化鈉**」，由氯離子和鈉離子所組成。除此之外，還有氯化鈣、鎂、鉀等微量元素。

1000g的海水

水 965g

鹽類 35g

35g的海鹽

鈣離子 0.42g

鉀離子 0.39g

其他成分 0.25g

硫酸根離子 2.7g

氯離子 19.25g

鈉離子 10.7g

鎂離子 1.3g

海水中豐富多樣的元素，來自早期火山活動釋出的離子，以及岩石中的鹽分分解後進入海洋。

> 就是因為有鎂離子這類的微量元素，海水才會苦苦的！

過去製作鹽，大多利用天然日晒。成品除了食鹽，也會保留大部分的海水成分。現代製鹽則是利用過濾、電解等方式去除非食鹽成分，稱作**精鹽**。所以，即使把家中的食鹽加入水中，還是和海水很不一樣喔！

臺南沿岸的日晒鹽田

精鹽

海鹽

> 慢慢蒸乾海水、析出海鹽後，可以用放大鏡觀察海鹽跟精鹽的顏色與結晶有什麼不同唷！

Q6 海水到底是藍色還是透明的？

 A 海水是幾乎透明的，我們看到的藍色大海是陽光散射所造成。

> 只有藍色光會進入我們的眼睛。

觀察拍上岸的海水，或用透明的杯子裝一杯海水來看看，你會發現海水本身是接近透明無色的。

看似白色的陽光實際上是由不同的色光組合而成。碰到海水時，藍光比較容易被**散射**出來，被我們的眼睛接收到，因此以為海水是藍色。

海洋小知識

有紅色的海嗎？

「紅海」是位在阿拉伯半島與非洲東北部之間的狹長海域。其實大部分時間，紅海都還是呈現藍色。之所以被稱為紅海，有人說是因為當地海中會隨季節變換出現大量藍綠菌，讓海水變紅；也有人說是因為海面映出了紅色陸地的倒影，所以呈現紅色。

不過，就算沒有看過紅海，你也可能親眼看過紅色的海喔——那就是映照出夕陽、橘紅天空的海面！

紅海靠近以色列的景象

Q7

海水可以喝嗎？

A 海水鹽分太高，千萬不能當作飲用水喝。
但戲水時不小心喝到一點，倒不用緊張。

> 就叫你不要喝那麼多海水吧！

和人體比起來，海水含有的鹽分濃度太高，比血液還要鹹四倍！

如果喝下大量的海水，身體得動用更多水，才能排掉海水帶來的鹽，容易出現「**脫水現象**」，如口乾舌燥、暈眩又心悸等。

除了人類，很多以淡水維生的動物，也不能生活在海裡。就算牠們會游泳，卻很可能因喝太多海水而脫水導致生命危險！

地科小實驗

利用脫水原理做泡菜

● 準備器材：一些蔬菜，例如1/4顆高麗菜或大白菜，或半條白蘿蔔；兩個夾鏈袋、食用鹽。

● 實驗步驟：

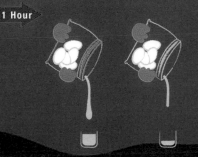

① 將蔬菜切小片，秤出100克裝入夾鏈袋，共裝2袋。

② 分別在袋中加入5克和20克的鹽，密封好、並搖晃搓揉，讓鹽和菜混合均勻。

③ 靜置1小時後回來看看。蔬菜出水了嗎？比比看哪一袋出水較多？

醃漬泡菜就是利用鹽分讓蔬菜脫水，延長保存時間。通常鹽越多、靜置越久都會增加出水量。如果要製作可食用的泡菜，要注意鹽不能放太多，或用開水洗去多餘的鹽再吃。否則吃太多鹽，就變成人體脫水啦！

Q8 明明都是海，為什麼有些地方會取名「海」、有些地方叫做「洋」？

A 「洋」指的是比較廣大的水域，而「海」通常指小範圍、連結陸地和海洋的水域。

「洋」的範圍廣闊，世界上主要分成五大「洋」，分別為太平洋、大西洋、印度洋、北冰洋和南冰洋，這些大洋大約占了89%的海洋區域。

「**海**」一般位於大洋與陸地之間，或被陸地包圍大半範圍，性質也常受到河流注入河水的影響。有些名字有「**海**」的水體並不是真的海洋，像是死海和裏海，其實都是陸地上的鹹水湖泊。

Q9 海中也有高山和峽谷嗎？

A 海底有著高低起伏的地形，甚至有火山。

海洋地形示意圖

陸地

大陸棚
深度約200m

大陸坡

海底平頂山

火山島

環礁島

海底峽谷

海溝
深度超過6000m

北冰洋

北冰洋

亞洲

北美洲

歐洲

大西洋

非洲

太平洋

南美洲

阿拉伯海

澳洲

印度洋

南冰洋

阿拉伯海是全球最大的「海」，面積約380萬平方公里。但最小的洋「北冰洋」面積約達1400萬平方公里。

海底地形和陸地一樣有山有谷，大洋中央大多比靠近陸地的地方深。這些地形樣貌通常是由**地殼變動**形成的。

有些**海底峽谷**是冰期時海平面降低，露出**大陸棚**、**大陸坡**等深度較淺的區域，被河水侵蝕形成。這種峽谷常一路連結到海陸交界的河口。而有些海底峽谷則是因大陸坡發生海底山崩，滑落的沙石把海底刮出一條條凹陷，形成海底峽谷。

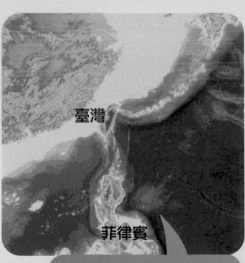

臺灣

菲律賓

臺灣周遭的海底地形圖，藍色越深的地方，代表深度越深。

深海平原
深度 3000 ～ 6000m

洋脊

Q10 地圖上的陸地會畫出國界，海洋也分國界嗎？

A 海洋也有各臨海國家可以分別管理的「領海」，就像是海上的國界。

領海可說是國土的延伸，範圍通常由陸地與內部水域往外算12海里。海上不易畫分疆域，時常有相鄰國家對邊界認定標準不一，需要協商確認領海範圍。

《聯合國海洋法公約》也訂出了「**專屬經濟區**」，常稱為**經濟海域**，裡面的自然資源雖屬於特定國家，但別國的航運船隻還是可以通過。領海與專屬經濟區以外的海域，就稱為**公海**，不屬於任何一個國家。只要不違反海洋公約，大家都能在公海航行、利用海洋資源。

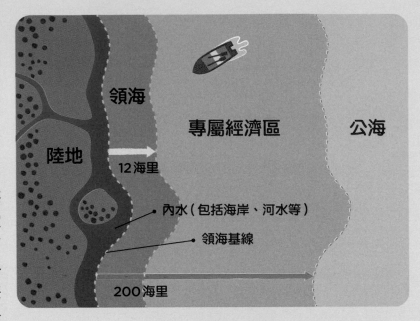

聯合國海洋法公約的海域畫分
（1海里 =1.852 公里）

裏海到底是不是海？

大家不要搶我！

地球上有些超大型的鹹水湖泊，例如鹹海、死海，在地理分類上仍是湖泊，只是因為面積廣大，常被人們稱為海。裏海雖然也是陸地內面積大的水體，卻「身分不明」。裏海周遭有俄羅斯、伊朗、哈薩克、亞塞拜然和土庫曼五國，大家都想要裏海中豐富的石油、天然氣和水產資源。然而，因為國際上對海和湖的規範不同，各國的利益分配會因為裏海算是湖還是海而有所差異，目前裏海周圍五國因此糾紛不斷，至今還沒有一個大家都滿意的做法呢！

Q11 大洋中央的島嶼是怎麼來的呢？

A 多由火山和珊瑚礁形成，又稱大洋島。

 地球上的陸地除了七大洲的大型陸塊，也有面積較小的島嶼，依形成方式主要可以分成「**大陸島**」與「**火山島**」。

有些火山島因珊瑚生長累積珊瑚礁而突出水面，就會稱為珊瑚礁島。但如果下方沒有火山，珊瑚礁無法獨自形成島嶼。

蘭嶼雙獅岩是火山熔岩地形

火山島通常是在海底火山噴發後，由熔岩或火山碎屑堆積而成。臺灣多數離島如蘭嶼就是火山島。

小琉球沿岸的珊瑚礁地形

珊瑚島則是某些熱帶海洋中，大量生長的珊瑚蟲死亡後，由骨骼積聚形成。屏東小琉球就是珊瑚礁島。

海洋小故事

礁：不被認可的島嶼！

一小塊露出海面的岩石，能算是島嗎？根據《聯合國海洋法公約》，島嶼必須四面環水、自然形成，並且全年高於水面，還必須要能讓人類維持居住或經濟活動才行。最重要的是，唯有被認可為「島」，才能主張所屬國家有專屬經濟海域。

南海周遭圍繞臺灣、菲律賓、馬來西亞、汶萊、越南和中國。各國經濟海域的劃分，也因為彼此對南海上諸多島嶼礁岩的島、礁的定義不同，而有多年爭議。2013 年，菲律賓向國際法庭提出「南海仲裁」，2016 年國際法庭宣布南海中數座島嶼只能算是礁岩，引發部分國家抗議。

南海南沙群島中最大的天然島嶼「太平島」，也被國際法庭判為礁，臺灣對仲裁表示不接受。

海底會很冷嗎？

A 一般來說水深越深，溫度也會越低，不過當海水到一定深度，就不太會再降溫、也不會結冰。

一般來說，海水表層因每日陽光的照射加熱，可經常保持溫暖。不同緯度的太陽照射狀況不一樣，因此各地區表層海水溫度就不同。在中緯度的溫帶地區，表層海水還會有明顯的季節變化。

然而海面下超過約200公尺深處，很難接收到陽光帶來的光和熱，因此溫度隨著深度越深而下降。

不管是熱帶、溫帶或寒帶，陽光都無法照到深海，所以深處的海水溫度，較沒有地區差異。

不同緯度的海溫分層狀況

低緯度
海水有明顯的海溫分層。

中緯度
淺層海水有季節變化。

高緯度
氣溫終年偏低，
海溫分層不明顯。

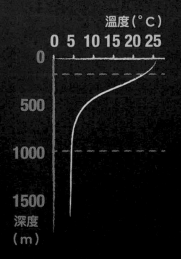

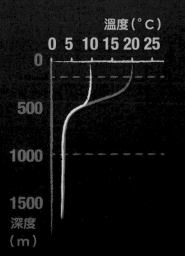

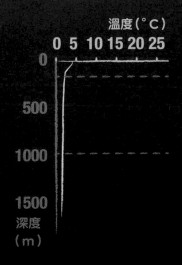

 不過，海底不會結冰。通常水溫降低，水的密度會變大並且下沉。但是水在**4℃**時密度是最大的，所以比4℃低溫的水就很難再往下沉降或在深處結冰。

 雖然海水受鹽分和水壓影響，通常不會在4℃達到最大密度，但結冰原理和水相似。如果天氣持續很冷，海水淺層就容易達到結冰溫度；而冰的密度比水小，也不會下沉。

關於密度，可參考P25右下方說明。

Q13 海上的冰山從哪裡來？

A 有些冰山從陸地上的冰河掉入海中，有些則在海中直接凝固而成。

海中的冰，一般通稱為**海冰**。在海上漂浮的海冰，則稱為**浮冰**；體積龐大的浮冰，就是我們所說的**冰山**。

冰山有90%都藏在水下，要小心碰撞！

極區附近的海陸交界，有海水附著在陸地上形成的「**固定冰**」；陸上冰雪受到地形與重力影響，而往低處移動時會形成「**冰河**」。固定冰和冰河一旦掉入海中，就成為浮冰。

浮冰也可能會直接在海中形成，越接近南北極區，海水就越冷。一般來說，接近-1.9℃，海水表面就容易產生浮冰。

海洋小知識 大氣和海水誰比較容易被加熱？

要比較誰的溫度比較容易上升，常會用物質的「比熱」作為考量。比熱就是讓1公克的物質上升1℃所需要的熱量。

一般來說水的比熱約1cal/g℃，因此要讓質量1公克的水上升1℃，需要1卡的熱量。而空氣的比熱約0.237cal/g℃，同樣1卡的熱量，可以讓超過4公克的空氣上升1℃。空氣的密度比水小很多，每公克空氣體積遠比水大。所以，要讓海水升溫比讓空氣升溫困難多了。

因為水的比熱大，所以當水降溫時，也會釋放出相當大的熱量。如果你把密封的冷凍食材放到水裡解凍，會比接觸空氣更快解凍喔！

讓1公升海水上升1℃所需要的熱量，可以讓約3100公升的空氣上升1℃呢！

Q14 放入海裡的瓶中信，最後會漂去哪裡？

A 浮在海上的瓶中信會順著海流漂送，
有些情況下，甚至可能飄到大洋的另一端！

 你試過將信件裝進玻璃瓶，放到海上看看它能夠漂去哪嗎？古希臘哲學家泰奧弗拉斯托斯（Theophrastus）就曾做過類似實驗，他想知道地中海的海水是不是從大西洋流入。雖然他沒有得到答案，但後來的人們也發現，海中確實有**海流**存在，能帶著瓶中信到遠方。

海流範圍非常廣，像是**黑潮**經過臺灣附近後會到達日本，最後匯入**北太平洋洋流**到達美國。所以如果從臺灣放出瓶中信，有可能繞北太平洋一圈後再回到臺灣！

1992年，一艘貨輪在太平洋上遇到風暴，約2萬9千個橡皮泡澡玩具，包含黃色小鴨及綠色青蛙等造型，全散落進海中。洋流將它們送到世界各地，經過十幾年，甚至到達大西洋的冰島、英國呢！

Q15 海流是怎麼形成的？

A 常見的形成原因包括風的吹拂、
海水密度的差異和潮汐的變化。

 地球上有些大範圍、長期規律吹拂的氣流，會讓表面的海水大致朝同一方向流動，形成**風吹海流**，或稱**漂流**。

盛行風以及風
吹海流對照圖

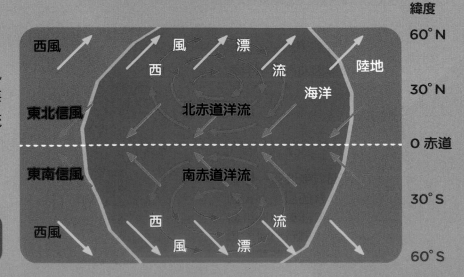

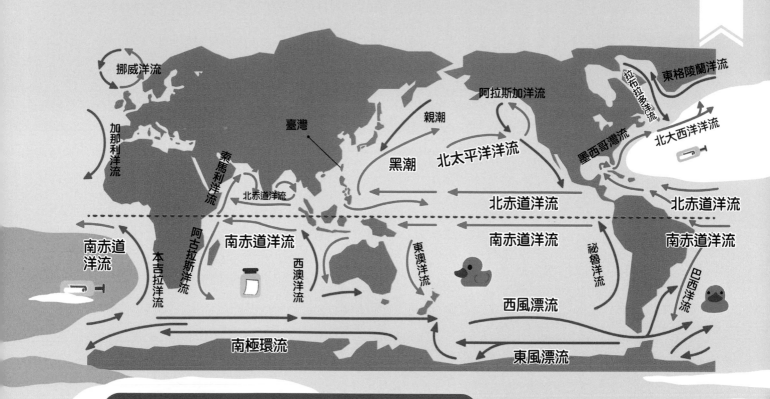

挪威洋流

加那利洋流

臺灣

阿拉斯加洋流

親潮

拉布拉多洋流

東格陵蘭洋流

北大西洋洋流

索馬利洋流

黑潮

北太平洋洋流

墨西哥灣流

北赤道洋流

阿古拉斯洋流

北赤道洋流

本吉拉洋流

南赤道洋流

西澳洋流

東澳洋流

南赤道洋流

祕魯洋流

南赤道洋流

南赤道洋流

巴西洋流

南赤道洋流

西風漂流

南極環流

東風漂流

世界上主要的海流示意圖，紅線代表暖流，會帶來溫暖與濕氣；藍線代表寒流會讓氣溫和濕度降低。

風吹海流

海平面

沉降流

湧升流

密度流

海床

海流循環示意圖

海水含鹽量不同常造成密度差異，密度高的海水會流往密度低的海水，產生**密度流**。像是地中海鹽分高，深層海水會往大西洋流動。通常風吹海流和密度流也會伴隨產生**沉降流**或**湧升流**，形成海面和海底的對流循環。

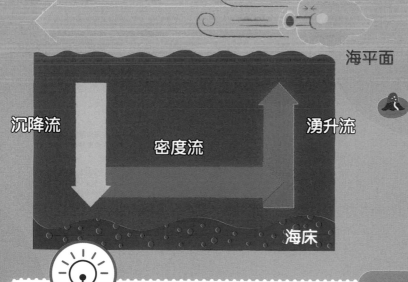

海水密度比純水大一些，約1.02～1.07 g/cm³

海洋小知識

密度

密度代表固定體積中，物體有多少質量。1cm³ 純水的質量是1g，密度就寫做「1g/cm³」。不同密度的東西加在一起，密度大的容易下沉，密度較小的會浮起。

Q16 海流的移動有多快呢?

A 不同類型的海流速度不一,最快的是
風吹海流,平均每秒前進5至50公分。

因為風吹的能量大,風吹所形成的海流,可以流動得很快,像流經臺灣的**黑潮**,甚至可達到每秒前進1公尺!但海底密度差異造成的流動,就相對慢很多,大約每秒只前進1公分。

而垂直方向的海流,通常都是因為受表面的海流或是海底的密度流所影響才流動的,所以移動的速度就更慢了。像從海底上升的**湧升流**,1天只前進1公尺。

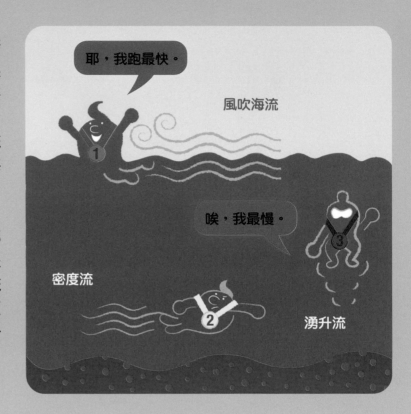

耶,我跑最快。

風吹海流

唉,我最慢。

密度流

湧升流

海洋小知識

一千多年才繞完一圈的「溫鹽環流」

如果沿著海洋表面流動快速的海流繞地球一圈,大約幾年之內就能環遊世界。但是假如你想考慮海底的海流慢慢旅行,還想逛過整個海洋,就要走「溫鹽環流」的路線!溫鹽環流是幾個洋流組合而成的海流循環系統,有一半是海洋表面的暖流,另一半則是海底的冷流。其中,當大西洋的海水跑到高緯度地區,就會溫度下降、密度增加而下沉到海底;潛到海底的高密度海水會往南跑,到達非洲附近再分成兩個方向,分別從印度洋和太平洋上升到海洋表面。這樣完整的跑完一整圈就要超過千年,夠你在慢慢海中旅行了吧!

 **密度流DIY**

● 準備器材：長型透明塑膠盒、塑膠片、黏土、水彩顏料、鹽水、清水

● 實驗步驟：

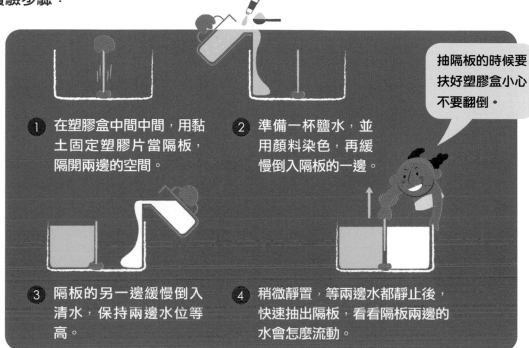

① 在塑膠盒中間中間，用黏土固定塑膠片當隔板，隔開兩邊的空間。

② 準備一杯鹽水，並用顏料染色，再緩慢倒入隔板的一邊。

抽隔板的時候要扶好塑膠盒小心不要翻倒。

③ 隔板的另一邊緩慢倒入清水，保持兩邊水位等高。

④ 稍微靜置，等兩邊水都靜止後，快速抽出隔板，看看隔板兩邊的水會怎麼流動。

染色的鹽水密度較大，清水密度較低，觀察看看哪邊水流往上、哪邊往下。這盒水不像海面上有風吹拂，最後會長什麼樣子？

溫鹽環流簡化示意圖，紅線代表暖流，藍線代表冷流。

Q17 為什麼會有海浪呢？

A 主要是因為風從海面吹過時，
產生壓力和摩擦力帶動而成。

長期、固定方向的風吹過海面會形成海流之外，也會讓海產生「**波**」的運動，就是所謂的**波浪**、**海浪**。海浪和海流不一樣：海流中的海水本身會移動，但海浪只有能量傳遞出去，海水主要還是會留在原地。

海水波動時，水分子會在海水表面一團一團的繞圈圈震盪，讓海水漲高、下降，把能量傳遞出去，我們看起來就像是波浪在水平前進。

波浪前進方向

海岸

水分子運動

海床

Q18 「白浪滔滔」是怎麼來的？

A 當海浪行進到靠近岸邊時，海浪會因為
水深變淺而形成破碎的白色浪花。

波浪越靠近海岸，水分子的圓圈震盪就會因摩擦被推擠成扁平橢圓形，波浪形狀也會改變。當海浪遇到岸邊不規則的地形，摩擦增加，波的運動就會變更加不規則、不穩定，並破碎成為碎浪。

風吹方向

形成碎浪

水分子運動

摩擦

摩擦

Q19 為什麼颱風都從海上來？

A 颱風的厚雲層需要大量水氣，所以颱風總在溫暖海域形成，再隨著氣流移動接近陸地。

 颱風是一種名為「熱帶氣旋」的天氣現象，有密集厚重的雲層環繞著中心，常帶來大量雨水甚至風暴。熱帶氣旋在亞洲通常稱為颱風，歐美及非洲則常稱為颶風。

 熱帶氣旋形成的條件包括了**溫暖海水、潮溼空氣、強烈空氣對流**。而且需要**地球自轉產生的偏向力**（又稱為科氏力）幫忙，才有可能讓氣流不斷對流、旋轉，凝結出厚厚的環狀雲層。

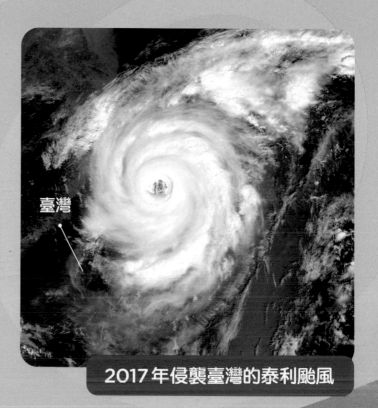

臺灣

2017年侵襲臺灣的泰利颱風

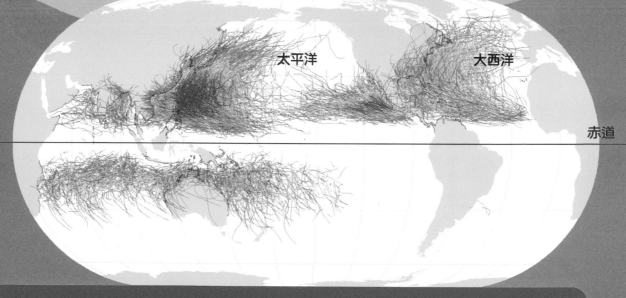

太平洋　　　大西洋

赤道

1945～2006年颱風形成與路徑的統計資料

觀察這些代表颱風路徑的細線，細線越密集處代表形成颱風越頻繁。可以發現地球上最熱的赤道正上空幾乎不會形成颱風，但稍微向南或向北一點的熱帶海洋地區，經常形成颱風。這是因為赤道處，幾乎沒有地球自轉造成的偏向力影響。

多采多姿的海洋生態

Q20 → Q33

海洋是生命的起源，
廣闊無垠又深不可測的海洋生態系，
分層提供了適合不同生物的生存空間，
發展出豐富多樣的生態樣貌，
一起潛入海中來認識牠們吧！

Q20 海洋中的生物多，還是陸地上的生物比較多呢？

A 以已知的生物種類來說，陸地比海洋多，但海洋中可能還有許多目前未知的生物。

 生物學家將生物分為**界、門、綱、目、科、屬、種**七個階層。階層愈高，包含的生物種類愈多；較低階層的生物種類就較少，但彼此的構造特徵卻愈相似。如果以最低階層「種」的數目來分，陸地上有較多物種。但是，地球表面積有71%是海洋，生存空間比起陸地大得多，因此在海洋中不僅能發現新種生物，還有機會發現新的生物門。

 目前動物界已知的34個「門」的階層中，有33個門包含海洋動物，其中又有16個門只在海中生存。因此科學家認為，浩瀚海洋中可能藏有更多的生物，等待我們去發掘。

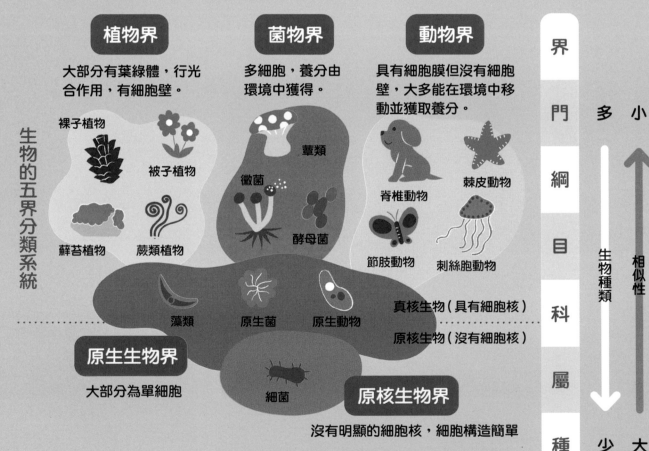

生物的五界分類系統

植物界
大部分有葉綠體，行光合作用，有細胞壁。

裸子植物
被子植物
蘚苔植物
蕨類植物

菌物界
多細胞，養分由環境中獲得。

蕈類
黴菌
酵母菌

動物界
具有細胞膜但沒有細胞壁，大多能在環境中移動並獲取養分。

脊椎動物
棘皮動物
節肢動物
刺絲胞動物

藻類
原生菌
原生動物

真核生物（具有細胞核）
原核生物（沒有細胞核）

原生生物界
大部分為單細胞

細菌

原核生物界
沒有明顯的細胞核，細胞構造簡單

界 門 綱 目 科 屬 種

多 小
生物種類
相似性
少 大

「五界說」是生物學家在50多年前提出的分類學系統，以生物的「細胞數量」、「生態功能」（生產者、消費者、分解者），將生物分成五個大類群。隨著分子生物學發展，科學家也不斷更新分類系統，目前至多可分成十幾「界」喔！

Q21 將海洋中的魚類放到河川中還能活嗎？

A 如果海水魚放到淡水的河川中，會因為喝過多水而撐死！

海水魚

從身體向外滲透的水

由於海洋鹽分的濃度很高，因此海水魚身體有特殊的**滲透壓調節機制**，幫助牠們喝進海水時，能吸收水分、排出鹽分，達到身體機能的平衡。

不過若將純海水魚放進淡水，牠們反而會因為喝入的淡水鹽分含量太少卻持續「排鹽」，最後因水分過多而「撐死」。

鰓

鹽分

鹽分 水

海水 ➡➡➡

腎臟

排出多餘鹽分

腸，吸收海水中的鹽和水

鹽分濃度高的尿液

有時候也會把海水魚以外的魚都稱為淡水魚喔！

淡水	半鹹水	海水
含鹽濃度 <0.5‰ （1千克水裡最多有 0.5 克鹽）	含鹽濃度 0.5 ～ 30‰	含鹽濃度 30 ～ 35‰
● 包含河川、湖泊 ● 鯰魚、鯉魚等	● 包含海河交界 ● 大肚魚、烏魚等	● 包含沿海潮間帶、河口灣、珊瑚礁以及遠洋帶和深海 ● 鮪魚、比目魚、鮫鱝等
純淡水魚	半鹹水魚	
淡水魚		海水魚

自然滲入身體的水

淡水魚

淡水 ✕
不太喝水

鹽分

鹽分

鹽分

腸

腎臟

鹽分濃度低的尿液

同樣的，淡水魚放入海水中也會因鹽分過多、脫水而亡。但有一些生長在淡水和海水交界或洄游性的魚，牠們特別會調整體內的水分和鹽分，可以在不同鹽分下的環境生存。

不管是淡水、鹹水和陸地都難不倒我！

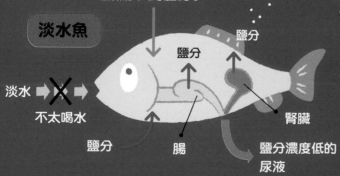

彈塗魚主要分布在泥沙底質沿岸、河口區和紅樹林等半鹹淡水河與淺灘區。以胸鰭柄爬行與跳躍移動，會以浮游生物、昆蟲與小型無脊椎動物為食，也會刮食底棲的藻類。

Q22 海洋中最小的生物有多小？

A 海洋中最小的生物是一種大小介於細菌和病毒之間的古菌，需要在顯微鏡下才能看到。

 2002年科學家在冰島的海底熱泉中發現了目前已知最小的**騎行納古菌**，大小大約只有400奈米（nm），而且這種古菌還是寄生在其他細菌上的物種！除了古菌和細菌，海中的微小生物，還有**真菌、藻類和浮游生物**等等，而越小的物種，就會越難被發現，像是大海撈針一樣！

海洋中分布最廣的古菌——
NRC-1系高度好鹽菌，
每一細胞長度大約5微米（μm）

海洋小知識　奈米是什麼米？

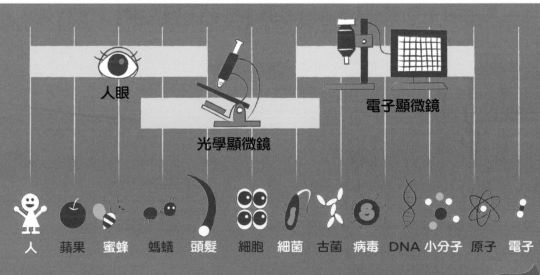

人眼　　光學顯微鏡　　電子顯微鏡

人　蘋果　蜜蜂　螞蟻　頭髮　細胞　細菌　古菌　病毒　DNA　小分子　原子　電子

奈米是一種很小的長度單位，比一般大家熟悉的毫米（mm）小很多，就連很細的頭髮，都有10萬奈米粗，所以一般是用來描述病毒的尺寸大小，有時還需要電子顯微鏡才看得到奈米等級的物質或是生物。

Q23 海藻和海草都是海中植物嗎?

A 海藻是原生生物,並非植物,海草才是植物。

 藻類是地球上的古老生物之一,屬於**原生生物界**,在陸地和海洋中都能見到。它的構造很簡單,有些是單細胞、有些是多細胞,但沒有**根、莖、葉**,也沒有**維管束**和**胚胎**,所以不是植物。

藻類依據大小可分為「**微細藻類**」和「**大型藻類**」,後者就是俗稱的「**海藻**」。多數的海藻體內含有**葉綠素**,可藉此吸收光線進行**光合作用**。因此大都生活在水深60公尺以內光線可到達的海域,例如髮菜、紫菜、小海帶、石花菜等,都是常見的海藻。

有些藻類可以隨波逐流,或是發育到幾十公尺高,所以比我們分布範圍比廣。

海草是生長在海水中的草本植物,屬於**植物界**,具有根、莖、葉等結構,也會開花結果,就像陸地上的植物一般。

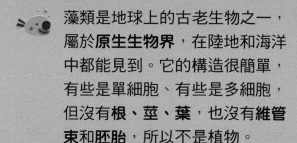

海藻	海草
不會開花、結果	會開花、結果
用單細胞的配子來繁殖	用種子繁殖下一代
沒有維管束組織,只有「葉狀體」	有根、莖、葉等維管束組織

海草的祖先,原來是先登陸演化成陸生植物後,才又回到海中喲!

我們需要土壤讓根附著以及陽光照射行光合作用,所以喜歡生活在淺海。

陸生植物

紅樹林

植物性
浮游生物

綠藻

褐藻

海草

紅藻

Q24 海裡也像陸地一樣有森林嗎？

A 海裡也有許多由海藻組成像森林的「海藻林」哦！

有些大型的海藻就像海中的樹，在水中站得直挺挺的，通常也有假根、假莖及葉身等構造。假根可以用來抓住海底的岩石；假莖帶有氣囊，裡面的空氣可以產生浮力幫助巨大海藻挺直；而海藻的葉身則會隨著水流而晃動。

我最愛吃海藻啦！

紫色海膽

海藻林是由不同種類、大小不一的海藻所組成。海藻林的生長環境常有充足的養分和陽光，容易吸引生物聚集，例如魚、蝦、螺等，是生物蓬勃、多樣性很高的地方。

海洋小實驗　像大型海藻的海中浮標

- **準備器材**：3顆兵兵球、5個十元硬幣、20公分棉線、著色牙籤、黏土、膠帶、寬口盛水容器
- **實驗步驟**：

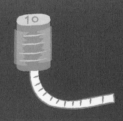
① 將硬幣用膠帶捆綁成重物，並黏上棉線。

② 將乒乓球平放相黏並在縫隙間塞入黏土，最後插上著色且纏有膠帶作旗子的牙籤，完成浮球。

③ 把棉線一端固定在重物上，另一端綁在浮球上，完成海上浮標模型。注意重物和浮球間距要高於水深。

將浮標模型放在水中，並試著拍打水面，可以發現浮標雖然會隨波晃動，但大致還是在原地附近，浮標模型就像海中的巨大海藻一樣，直挺挺的站著。

Q25 海中的「過濾器」是什麼生物？

 A 是牡蠣，因為牠們的進食方式可以幫忙清除海水中的雜質，所以才被稱為「海中過濾器」。

口　　貝柱（閉殼肌）

外套膜

入水

出水

胃

心臟

肛門

牡蠣就是你們最愛吃的蚵仔啦！

牡蠣是**濾食性動物**，會吸入海水再吃掉其中的微生物，並將沒有雜質的海水排出。據研究，一隻牡蠣每天可過濾多達 **200 公升**的海水呢！

人們為了讓養殖區域的水更清澈，常常會同時養殖牡蠣，不過這裡的牡蠣可能會吸收汙染物或重金屬，不宜食用。

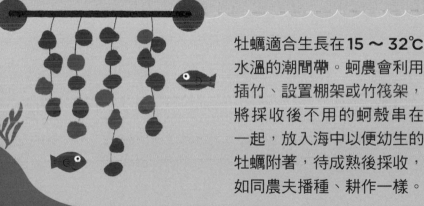

牡蠣適合生長在 **15 ～ 32℃** 水溫的潮間帶。蚵農會利用插竹、設置棚架或竹筏架，將採收後不用的蚵殼串在一起，放入海中以便幼生的牡蠣附著，待成熟後採收，如同農夫播種、耕作一樣。

牡蠣架、牡蠣礁
- 生物棲息地
- 最佳防坡堤

牡蠣成長循環圖

原來牡蠣寶寶會游一游、爬一爬找新家呀！

受精卵

D型幼生

牡蠣是一種貝類，成年後釋出卵與精子，兩者結合後經浮游、沉降、固著期三階段，才由稚貝逐漸發育成熟。

眼點幼生

成貝

稚貝

浮游期

這個階段幼體雖然有輕微的游泳能力，但主要靠海流移動。

沉降期

這個時期牡蠣沉落到礁岩等硬基質上，爬行尋找定居地點。

固著期

選好環境後，牡蠣會分泌蛋白纖維將自己黏住，開始定居。

Q26 被稱為「最醜動物」的水滴魚為什麼這麼醜呢？

A 因為牠是深海魚，離開深海到海面上時，外觀會因為壓力變化而失去原本完整的樣貌。

 海平面處通常為**1大氣壓力**，但水深每增加**10公尺**，大約就會增加**1大氣壓**的壓力。所以在水深90公尺深處，就需要承受9＋1＝10的大氣壓力。生存在深海的生物，也要很會「抗高壓」。

 生活在水深600～1200公尺深的水滴魚，外觀本來很正常，但牠們被補捉而離開深海時，原本專抗「高壓」的身體，失去外在的壓力後，表皮會受損呈粉紅色、凝膠質的肌肉也會坍塌。

我本來也長得一表人才！

水滴魚本來在原棲地的樣貌

嗚，都是因為離開高壓才讓我變醜！

水滴魚離開深海高壓環境的樣貌

僧帽水母

飛魚

大陸棚

海龜

光合作用界線

大陸斜坡

鼠尾鱈

陽燧足

Q27 深海那麼黑，魚看得到嗎？

A 深海魚可以利用更大的眼睛，
或是更敏感的感光能力看到獵物。

即使在水深1000公尺處的深海，仍會透進微弱的光線，所以在這裡生存的深海魚，多半會演化出**大眼**或**奇特外觀的眼睛**以增加**感光力**。就算到了更深的海底，有些魚的眼睛還能看到遠方微弱的生物發光，牠們看到的世界和我們完全不同！

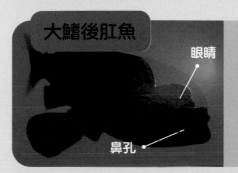

大鰭後肛魚

眼睛

鼻孔

以大鰭後肛魚（又稱太平洋管眼魚）為例，牠頭部前方看起來像眼睛的地方其實不是眼睛，而是藏在頭頂附近，而且牠的頭頂是透明的，真正的眼睛就像是從腦袋往外看一般呢！

有些深海魚身上則會有**發光器**，可利用光線照亮獵物，像是光魚、烏鯊，以及像是提了盞燈籠的深海鮟鱇。深海鮟鱇魚的發光器，內有許多**共生的發光細菌**，所以能製造發光物質，除了幫助牠們吸引獵物外，也有求偶功能喔！

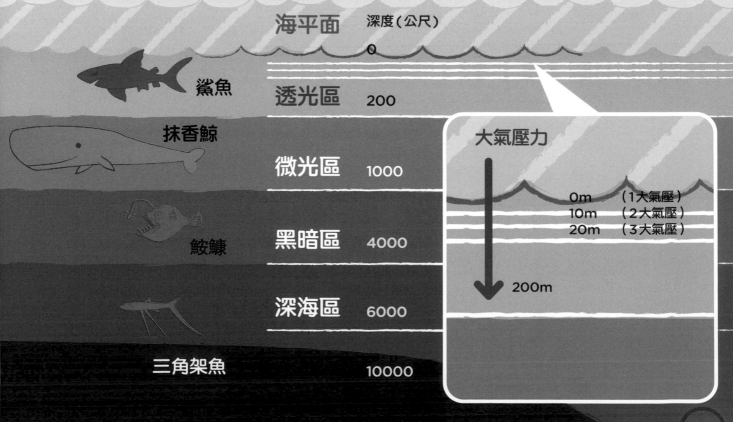

海平面　深度（公尺）
　　　　0

鯊魚　　透光區　200

抹香鯨
　　　　微光區　1000

鮟鱇　　黑暗區　4000

　　　　深海區　6000

三角架魚　　　10000

大氣壓力

0m　（1大氣壓）
10m　（2大氣壓）
20m　（3大氣壓）

200m

Q28 深海裡真的有海綿寶寶嗎？

A 不僅深海會有海綿動物，淡水、潮間帶、以及各種深處的海洋中都有他們的蹤跡。

動畫中的「海綿寶寶」，是以「海綿動物」為原型，海綿動物是一種**原始水生無脊椎動物**，廣泛分布在各種深度的淡水與海水生態系。

海綿身上布滿了通水的小孔和溝道，但因著生在海底又不會移動，千百年來曾長期被誤會是植物，直至19世紀才被歸入動物，分類上屬**「多孔動物門」**（也稱海綿動物門）。

我有千變萬化的造型，再生能力也超級強，才不是只有正方型呢！

你怎麼跟電視裡長得不像？

Q29 深海裡還有哪些生物呢？

A 深海裡沒有植物，但仍有許多具有特殊生態特徵的魚、蝦、貝、螺、海星等生物。

大王酸漿魷

這樣才能看清楚是否有唯一的天敵——抹香鯨來襲啊！

陽光無法照射到水深200公尺以下的深海，所以植物無法生存，但這裡的生物種類仍然很多，有些大型的深海生物，像巨烏賊、巨口鯊、大王具足蟲，以及能長到750公斤以上、世界上最大的魷魚——**大王酸漿魷**等更廣為人知。

哇，你的眼睛好大喔！

到了深度超過4000公尺的深海，主要生物就以貝類、水母、蝦蟹等無脊椎生物為主，牠們有些會吃下沉到深海的淺海生物殘骸，有些則只能生存在具有特殊養分的深海熱泉處。

Q30 海洋生物也跟陸地生物一樣會遷徙嗎？

A 許多海洋生物都會在各大海域與不同深度的海洋環境中主動或是被動的遷徙。

這些魚都好勤勞喔！

 包括鮭魚、鮪魚和海龜在內的許多海洋生物都會進行定期且大規模的遷徙，稱為「迴游」。例如鮭魚是在河川出生，但長大後會到海洋生活，直到繁殖期才會再回到河川產卵；鰻魚則剛好相反，是在海中出生再到河川中生活。

有些海洋生物會隨著生長與季節的影響，在不同時期移動到適合生存的環境。例如：太平洋黑鮪在菲律賓附近產卵、在臺灣到日本的海域生長，長大過程中會跨越太平洋到美洲，最後又再次回到臺灣、日本與菲律賓海域。

溯河迴游

海洋　　　河口　　　河流

幼少期遷移

覓食場　　　鮭魚　　　產卵場

產卵期遷移

降海迴游

海洋　　　河口　　　河流

幼少期遷移

產卵場　　　鰻魚　　　覓食場

產卵期遷移

太平洋黑鮪魚迴游路線圖

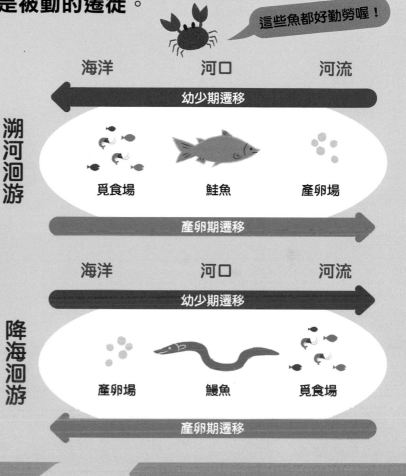

亞洲

北美洲

青壯年期群

青少年期群

幼年期群

臺灣　　稚魚群

產卵準備群

少年期群

產卵群

菲律賓

Q31 南北極那麼冷，海裡的生物難道不怕冷嗎？

A 極地的海水水溫多維持零下 2℃ 以上，比陸地暖得多，所以海洋生物比較不用擔心保暖問題。

 南、北極海溫平均約為零下 2℃，多數魚類都能適應，但陸地上的大氣環境卻可能動輒零下 20～30℃，所以真正需要抵抗寒冷的動物，反而是陸上或是海陸兩棲的動物。

 包括北極熊、海豹、企鵝等極地動物都會以厚厚的毛皮和脂肪來禦寒，就像天冷時人們會穿上厚外套；另外也會以冬眠、減少不必要的運動或大量攝取食物來維持身體的熱能。

天氣好冷，窩在媽媽身邊比較不會冷！

待在水裡比陸地更暖和呢！

Q32 海裡的生物都是用游的嗎？

A 海裡的生物除了會游動的魚類外，也有隨波浮游，或在海底爬行以及固著的底棲生物。

 海洋動物依**移動方式**不同，分為**游泳生物、浮游生物和底棲生物**三類。其中大部分魚類因身體有特殊構造可以游動，多屬游泳生物。

 大多數海洋生物如貝類、蝦蟹、魚類等，在幼小期也會以浮游方式移動。底棲生物主要生存在海底，有些像是螃蟹、貝類、海參、海星等會在海底爬行，或如海綿、珊瑚固著不動。

浮游生物

游泳生物

底棲生物

鯨魚是海中最大的魚類嗎？

A 鯨魚是哺乳類不是魚，海洋中最大的魚類是鯨鯊！

 藍鯨是現存海洋動物中體型最大的，體長可達29.9公尺、體重更高達180公噸。不過藍鯨不是魚類，而是一種**海洋哺乳類**。其他像是海牛、儒艮、海豹、海象、海豚等也是哺乳類動物。

鯨鯊才是海中最大的魚類！

鯨鯊

但，我們都是海洋哺乳類喔！

儒艮

我們不一樣！

海牛

海象

紀錄中最大的**鯨鯊**，體長達將近13公尺，體重也超過21公噸，但還是比藍鯨小很多。鯨鯊因肉質軟嫩而有「豆腐鯊」之稱，但正是因為人類過度捕獵而有滅絕的威脅，因此現在已經列為保育類動物，千萬別再稱牠為豆腐鯊，更不要誤食囉！

海洋小知識

海中還有哪些超大生物？

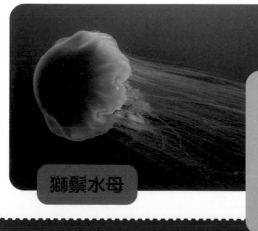

獅鬃水母

世界上最大的水母，因為觸手又多又長，身長最長可達35公尺。大王魷魚、大王酸漿魷則是世界上最大的兩種頭足綱動物，有時會不小心被捕撈上岸，有些標本可達20公尺長，但因為很難找到成年的活體研究，所以牠們的實際大小還有許多爭議。

海洋100問
形形色色的海岸
Q34 → Q51

陸海交界的海岸，是人們親近海洋的起點，
這裡總是有著鬼斧神工的豐富地貌，
經常成為引人注目的焦點，讓人流連忘返。
究竟這裡的特殊地景和奇岩怪石從而來？
趕快來走訪並認識它們吧！

Q34 人們所說的海岸線究竟
是指哪裡呢？

A 海岸線通常指的是海水和陸地的交界。

 自然地理的海岸線位置，會同時考慮**海水最高高度**和**海岸特質**，例如**沙質海岸**以暴風時海浪能到的最遠位置為海岸線。有懸崖的**岩岸**則會以懸崖線為海岸線，至於海岸線與最低的低潮線水位間則是**濱岸區域**。

海岸線位置

海岸線位置

最高高潮線
最低高潮線
最高低潮線
最低低潮線

懸崖線

濱岸區域

沙質海岸

岩質海岸

 航海學則以**海水最低**的位置為**海岸線**。因為航海時船有一部分的船身在海底，如果在乾潮時又靠近岸邊就會有擱淺的危險，因而使用最低水位為以確保安全。

再過去水深
就不夠啦！

海岸線位置

最高水位線

最低水位線

Q35 為什麼有些海岸是沙灘，有些卻遍布岩石？

A 因為海邊的地形和地質不同，所以會形成沙岸或岩岸。

 沙岸附近常有河流，會從上游帶來沙子。例如臺灣中央山脈山高坡陡、雨量豐沛，許多河川挾帶大量泥沙向西流經丘陵和平原區，堆積在海邊就形成沙岸。

岩岸常緊臨著山地或丘陵。例如以岩岸為主的臺灣東部，有些地方甚至直接與峭壁、海岸接鄰。而東部河川也較湍急，從山上沖刷下來的石頭經常來不及被磨碎成沙子即堆積在岸邊，形成**卵石海灘**。

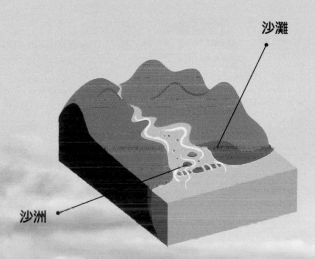

沙灘

沙洲

沙岸原理圖

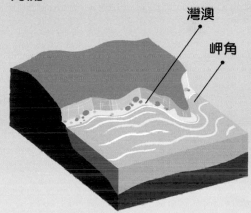

灣澳

岬角

岩岸原理圖

看我把卵石堆成高塔！

著名的觀光景點花蓮七星潭即為典型的卵石海灘。

Q36 為什麼有些海邊會出現像門或柱子的大石頭呢？

A 海岸若受到明顯的海水侵蝕，就會形成海蝕門、海蝕柱、海蝕洞等特殊地形。

海水會藉由**波浪**、**海流**和**潮汐**等作用，在岩岸塑造多樣的特殊地景，稱為**海蝕地形**。

波浪和風力會先沿岩石節理或較軟處侵蝕，逐漸凹陷成**海蝕洞**。海蝕洞變大、蝕穿後則成**海蝕門**。之後又被持續破壞倒塌，就形成**海蝕柱**。

海蝕洞
海蝕門
海蝕柱
海蝕崖
海蝕平臺

新北市石門區的石門洞屬於海蝕門的特殊地景。

宜蘭縣南澳鄉觀音海岸的海蝕洞。

Q37 有些海邊會看到像蘑菇的岩石，那是怎麼形成的？

A 蕈狀岩是受到不同程度侵蝕作用而形成的。

 臺灣北海岸常見的**蕈狀岩**，是由兩種硬度不同的砂岩組成，頭部較硬而頸部較軟，受到侵蝕、風化的程度也不一樣，稱為「**差別侵蝕**」，所以才形成蘑菇般的奇岩。

蕈狀岩

蕈狀岩是新北市野柳地質公園最具代表性的特殊地景。

原來蕈狀岩是這樣形成的！

隨著時間演進，蕈狀岩頸部較軟的岩石，會受到明顯的風化侵蝕而逐漸變細。

嗚，大家救救我呀！

當風化侵蝕的時間更久後，頸部變得更細，最後會因無法支撐而斷頭。

蕈狀岩的生命時期

無頸期　粗頸期　細頸期　斷頭期

Q38 沙灘上的沙是從哪裡來的呢？

 沙灘的沙來自數百萬年來岩石的風化與粉碎，並參雜著部分的貝殼生物或珊瑚碎片。

 地殼岩石經過漫長的風化，以及流水的侵蝕，會形成 0.0625～2 毫米（mm）大小的顆粒，稱為**沙**或**砂**。

 大量的沙子及顆粒物質，又會隨著河川而搬運；另外海浪也會將貝殼生物和珊瑚殘骸不斷淘洗、粉碎，最後連同沙粒一起沉積在海岸邊。

沙灘組成與環境相關，像希臘聖托里尼知名的紅沙灘，則因附近有含鐵量高的紅色火成岩。

沙灘怎麼來

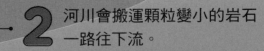

1 風力、雨水、冰雪皆會逐步侵蝕岩石。

2 河川會搬運顆粒變小的岩石一路往下流。

沙灘

3 較大的石頭會先沉積下來，最輕的沙子和碎石，則會被搬運並堆積在最下游，並在岸邊形成沙灘或沙洲。

Q39 沙灘上的沙有可能變多或變少嗎？

A 有可能因為自然環境變化與人為破壞，而改變沙子的數量。

 沙灘上的沙，是由河川經年累月由上游搬運、堆積而來，若是波浪及海流的**侵蝕**、**搬運作用**小於河流的**堆積作用**，海岸地區將形成一塊塊的**沙洲**和**海埔新生地**。

我可以站在沙灘上耶！

原海岸線位置

新海岸線位置

海埔新生地

 若在河川上流設置水庫，或是過度濫採砂石，將使河川能帶來的**沉積物**大量變少，就會使得原本的沙灘或沙洲變小，海岸線也會上移。

水庫、攔砂壩

糟糕我掉到水裡了！

新海岸線位置

原海岸線位置

Q40 為什麼海邊沙灘上常有許多小洞和小沙球?

A 這些主要是由沙蟹、股窗蟹等海洋生物所製造的。

包括**沙蟹**、**股窗蟹**、**和尚蟹**等生活在沙灘上的螃蟹都會挖洞,牠們通常會在漲潮前鑽入洞中,退潮後才會出來。

除了挖洞外,沙蟹、股窗蟹也會將沙子裡的藻類、有機碎屑濾出食用,並將攝食完的沙子直接從口器吐出,變成一顆顆稱為「**擬糞**」的小沙球。

臺灣南部常見的平掌沙蟹

分布於臺灣、日本、中國廣東、福建一帶的圓球股窗蟹

你們怎麼可以隨地亂大便呢?

這些只是濾完營養物質的沙子,不是大便啦!

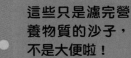
沙灘的小沙球,多是由螃蟹製造的「擬糞」。

52

海洋小知識

複雜多變的臺灣海岸

四面環海的臺灣，海岸線長約1200公里，加以山高水急，又位處歐亞大陸板塊與菲律賓海板塊的交界，海岸地形極為複雜多變。

鼻頭角為臺灣北部知名的岬灣海岸

北部海岸

海岸線曲折，有許多岬灣，也有地形起伏較大的侵蝕海岸。

東部海岸

緊鄰山脈且受到板塊碰撞和海水侵蝕等因素影響，分布著斷層、礁岸、海岬和海蝕平臺等多種海岸地形。

西部海岸

河川沖積旺盛，海岸線平直、多沙灘、潟湖及沙洲。

西部海岸是臺灣養殖漁業的重鎮。圖為臺南七股潟湖

花蓮清水斷崖是世界罕見「崖高水深」的斷層海岸

南部海岸

以珊瑚礁與礫石灘海岸為主，也有珊瑚與貝殼碎片堆積而成的沙灘海灣。

南臺灣的墾丁地區，是生態資源豐富的珊瑚礁海岸

Q41 什麼是珊瑚礁呢？

A 由珊瑚蟲骨骼組成的礁岩。

「礁」指的是海中突出來的岩石，包括珊瑚、牡蠣、藻類等海洋生物都會製造礁石，分別會形成**珊瑚礁**、**牡蠣礁**和**藻礁**。大多數造礁的過程，都是由這群海洋生物的碳酸鈣殼體及遺骸經由不斷生長、死亡的循環下累積而成。

海洋小知識

臺灣的珊瑚礁海岸

最適宜珊瑚生長的海水水溫需在20℃以上，因而珊瑚礁海岸多分布於南北緯28度間的海域。地處副熱帶的臺灣，亦有許多知名的珊瑚礁海岸景點，如恆春半島、綠島、蘭嶼、小琉球及澎湖群島等地。

花瓶岩

小琉球知名的花瓶岩就是受海水侵蝕的珊瑚礁。

珊瑚礁是由成千上萬個**珊瑚蟲**的骨骼，經過數百年至數萬年的累積而逐步形成。其上大小各異的空間縫隙，以及共同依存的浮游生物、共生藻，則是許多海洋生物重要的生存空間與食物來源，因而有「**海底熱帶雨林**」的別稱。

哇，珊瑚礁裡躲了好多漂亮的熱帶魚！

Q42　什麼是藻礁呢？

A 由死亡後的藻類與海岸邊沉積物一起膠結形成的礁岩。

藻礁是由藻類殼體鈣化所形成，不過藻礁的營養和造礁材料來源，主要是海中和沉積物裡的礦物質，所以牠們生長的速率只有珊瑚礁的1/10。

藻類造礁			珊瑚蟲造礁
	10年長1公分	每年長1公分	
	生長於低潮線附近	生長於水下	
	質地較疏鬆	質地較硬	

桃園市觀音、新屋海岸線的藻礁

55

Q43 為什麼海水會有漲潮和退潮的變化呢？

 由於地球與其他星球之間的萬有引力，造成海水有漲潮及退潮的水位變化。

 地球上的海水表面，會受到太陽和月球萬有引力的影響，稱為**潮汐力**，再加上**地球自轉**，因而各地每天早晚都會出現一次海水水位升高及下降的漲落，白天稱為**潮**，晚上稱為**汐**。

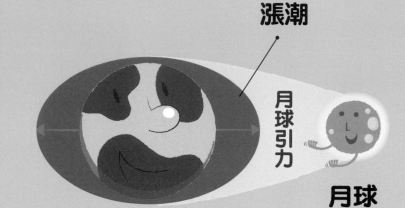

漲潮

月球引力

月球

通常海水水位最高時稱為**滿潮、高潮**；最低時稱為**乾潮、低潮**。而海水從低水位升高的是過程**漲潮**，水位降低的過程則是**退潮**。

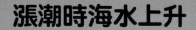

漲潮時海水上升

退潮時海水下降

Q44 為什麼會有大潮和小潮呢？

A 由於地球、月球、太陽三者間的位置變化，造成海水表面水位升得更高或降得更低。

當月球、太陽和地球的位置接近一直線，也就是農曆初一（新月）及十五（滿月）時。月球和太陽的加起來的引力最大，滿潮時水位更高、乾潮時水位更低，稱為「大潮」。

太陽潮　　　　　　　月球潮（太陰潮）

大潮

滿月　　　　　　　　　　新月

當月球和太陽的位置接近直角時，也就是農曆初八、九（上弦月）及二十二、二十三（下弦月）時，引力會互相抵消一部分而減小，滿潮及乾潮的漲落較小，則稱「小潮」。

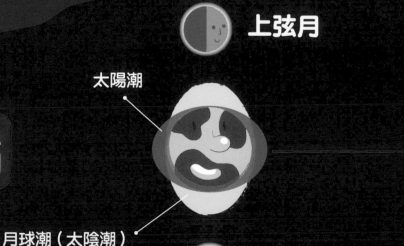

上弦月

太陽潮

小潮

月球潮（太陰潮）

下弦月

Q45 什麼是潮間帶呢？

A 是指海水高低潮線之間的海岸環境。

潮間帶是**海陸交接的地帶**，受到潮汐
影響，這裡在高潮時會被海水淹沒，
低潮時則會暴露在空氣中。

> 我們一起來找潮間帶生物吧！

潮間帶的種類很多，有沙灘、泥灘、礫石灘、
岩岸及珊瑚礁，充滿豐富的生物、漁業和觀光
資源，例如彰化縣王功海域的潮間帶，就是牡
蠣、文蛤等養殖漁業的重要產地。

> 蚵仔快快長大吧！

> 我們在這裡生活超開心！

分層帶狀分布的潮間帶生物

潮間帶的環境變化大，生物要在這裡棲息，必須要能承受一天中不同溫度、溼度、鹽度的變化，還要能耐波浪的沖擊。其中礁岸潮間帶因地形較崎嶇，各高度受到海水覆蓋的時間長短不一，連帶影響生物也會呈現「分層帶狀分布」，相當特別。

飛沫帶
是最高、最乾的地方，只有浪花會濺到，不會泡到海水。

上潮帶
只有偶爾大潮時會淹過，大多時候還是乾的。

中潮帶
一天中有部分時間被海水淹沒、其他時間暴露在空氣中。

下潮帶
只有偶爾小潮時會露出海面，大多時間都泡在海水裡。

玉黍螺
外殼上有似玉米顆粒的螺類

海蟑螂
是甲殼類動物不是昆蟲，喜食有機碎屑和藻類

石蓴
呈卵形或長橢圓形的藻類

藤壺
常附在潮間帶的岩石上的甲殼類動物

各種螺類

牡蠣
俗稱「蚵仔」的貝類動物

陽燧足
屬棘皮動物，有五隻腕及一個中央盤，是海星的近親

海星
有五角對稱五個大腕及許多管足的棘皮動物

Q46 招潮蟹真的可以召喚潮汐嗎？

A 潮汐變化與星體運行有關，跟招潮蟹等生物無關。

招潮蟹是常見的潮間帶生物，雄蟹擁有一大一小的螯，常在海邊揮舞巨螯求偶或威嚇敵人，看起來就像在招喚潮汐，也有人認為很像在拉小提琴，名為「提琴蟹」。

你的大螯好威風！

弧邊招潮蟹

那當然！

Q47 海邊岩石上常附著一群群像小火山的東西，那是什麼呢？

A 是名為藤壺的潮間帶生物。

藤壺是甲殼類生物，能分泌一種非常黏的膠質，所以不僅是岩石，甚至船體、垃圾和其他生物上都能附著。其中外形像灰色錐狀迷你火山的是「無柄藤壺」，尖端有開口，會伸出蔓足組成網子來捕捉浮游生物。

你真的好像石頭喔！

哼，我可是繁殖力超強的生物呢

Q48 海邊常有立體的四腳水泥塊，那是什麼呢？

A 是用來減少波浪沖擊及侵蝕海岸的消波塊。

 消波塊雖有減少波浪和大水沖蝕海岸和堤岸的作用，但過度使用卻可能讓鄰近地區的沙灘消失，現在也有許多人倡儀恢復自然地貌，盡量不要設置消波塊。

> 消波塊長得很像粽子，常被稱為「肉粽角」！

 海洋小故事

第二次世界大戰與消波塊

二次大戰時，北非戰場的法軍利用許多大型水泥塊抵擋德軍的坦克車，戰後人們把它們放到海邊代替護堤，沒想到形狀不平整的水泥塊，消波效果比平整的堤防更好，後來各種形狀的消波塊紛紛出現，也傳到了世界各地的工程界。

坦克車我不怕！

海浪當然我更不怕！

Q49 海洋跟河川間的水，到底會是淡水還是鹹水？

A 一般會稱為「半鹹水」。

河口附近會因為淡水流入海洋而沖淡海水，另一方面**潮汐**和**河水水量**的變化都會影響河口地帶的鹽度。這裡也聚集了許多能適應此地特殊環境的生物。

河口地帶的半鹹水區域常聚集豐富的生態資源。圖為大甲溪出海口高美溼地上，正在覓食的鐵嘴鴴。

Q50 海岸常見的紅樹林，就是紅色的樹嗎？

A 紅樹林植物樹皮是紅色的，但葉子仍是綠色的。

紅樹林植物主要分布在熱帶或亞熱帶海岸潮間帶的泥濘地，體內具有「**單寧**」成分，當遇到空氣氧化，枝幹會呈紅褐色。包括**紅茄苳**、**水筆仔**、**海茄苳**、**欖李**等都是臺灣常見的紅樹林植物，主要分布在**西部**沿海的泥質沙岸。

這裡是人稱「臺版亞馬遜河」的臺南四草紅樹林綠色隧道呢！

生長在海岸邊的生物，不會怕海水太鹹嗎？

A 這裡的生物有能適應不同鹽度環境的調節機制。

「**廣鹽性生物**」是指能耐受不同鹽度環境變化的生物，生活在河口的生物、養殖在半鹹水環境的魚蝦貝類多屬此類。

常見的白蝦也是廣鹽性生物，常被人工養殖在海邊的半鹹水魚塭

溯溪回出生地產卵的鮭魚

 能在淡水和海水中迴游的**鰻魚**和**鮭魚**，亦為**廣鹽性魚類**，鮭魚在河川孵化、海洋成長，成年後會再溯溪回出生地產卵；鰻魚剛好相反，平常生活在潔淨的河川，成年後再到海洋產卵。

平常生活在河川的鰻魚

葉子上真的有鹽耶！好神奇！

海茄苳

能承受鹽分環境的植物則稱為**鹽土植物**，如紅樹林植物有些具「**鹽腺**」，可將鹽分排出；有些則會將鹽集中老葉，再藉落葉排除鹽分。

臺灣周圍的海洋

Q52 → Q65

臺灣四面環海，周圍的海洋環境豐富多樣。
擁有得天獨厚的海洋資源、
鬼斧神工的特殊地景與活潑繽紛的海洋生態。
趕快一起來認識臺灣島與周圍海洋的祕密吧！

Q52 「臺灣島」是怎麼來的呢？

A 約600萬年前，菲律賓海板塊撞上歐亞板塊，地殼受擠壓隆起成為臺灣島。

中央山脈每年都還會抬升0.5～1公分，是相當活躍的山脈呢！

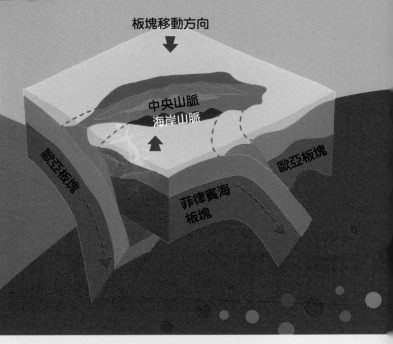

板塊移動方向

中央山脈
海岸山脈

歐亞板塊

歐亞板塊

菲律賓海板塊

大約在600萬年前，菲律賓海板塊西緣的呂宋島弧往北移動撞上歐亞板塊的東南大陸邊緣，使得這裡的地殼隆起成山，逐漸形成今日的臺灣島，地質學家將這次造山運動稱為「蓬萊運動」。

Q53 臺灣島在世界上是排名第幾大的島呢？

A 臺灣在世界島嶼面積排行裡是第三十八大的島嶼。

臺灣島的面積是3萬6千平方公里，跟世界其他島嶼比起來，面積不算大，僅能排上三十八名。

世界上面積前三大的島嶼分別是**格陵蘭島**、**新幾內亞島**，以及**印尼婆羅洲**；跟臺灣面積相近的島嶼則有**日本九州島**，以及巴布亞紐幾內亞的新不列顛島。

格陵蘭島
（213萬平方公里）

新幾內亞島
（79萬平方公里）

婆羅洲島
（75萬平方公里）

Q54 恆春半島也是島嗎？

A 恆春半島只有三面環海，與四面環海的島嶼不一樣。

 島嶼是指四面都被海洋、湖泊等水域包圍，但面積又沒有像亞洲、歐洲等大陸地區那麼大的陸地。而**半島**雖然邊界也大部分被水包圍，但仍有部分與陸地相接，例如**臺灣恆春**就是典型的半島地形喔。

恆春半島三面都有海洋可以調節氣候，所以四季如春，冬天不會太冷，夏天也不會太熱喔！

臺灣海峽

太平洋

恆春半島

巴士海峽

 **海洋小知識**

澳洲是大陸不是島

袋鼠

鴯鶓

大堡礁魚群

原住民文化與回力鏢

無尾熊

烏魯魯巨岩

雪梨港灣大橋

袋熊

雪梨歌劇院

海龜

鯊魚

雖然島嶼的定義是「四周被水體包圍的陸地」，但澳洲因為有獨立的板塊結構、特殊的生態，以及自成一環的人類文化，因此被視為自成一格的「大陸」。

Q55 臺灣有多少個離島呢?

A 臺灣總計有165個離島,分屬大陸島、珊瑚礁島、火山島等類型。

臺灣的領土除了本島之外,還包括綠島、蘭嶼、龜山島等離島,以及澎湖、金門、馬祖、南海諸島等群島,實際管轄共**165**個島嶼,這些離島皆屬不同成因形成的**天然島嶼**。

天然島嶼的類型

1 大陸島

過去曾是與大陸相連的丘陸,在海平面上升後受海水阻隔而分離,只剩下山頭露出海面而成為**大陸島**。例如**金門**、**馬祖**等離島。

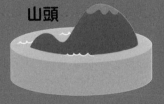  

山頭　大陸

原本是與大陸相連的丘陵或山頭	海水上漲淹沒低窪陸地	露出海面的山頭成為島嶼

2 珊瑚礁島

珊瑚蟲分泌碳酸鈣形成的外骨骼,長年累積下來就變成「**珊瑚礁**」。礁岩在板塊運動下隆起,或是原本依附的陸地風化了,就會形成「**珊瑚礁島**」。例如**琉球嶼**、**太平島**、**東沙環礁**等離島。

裙礁　　潟湖　堡礁　　　　環礁

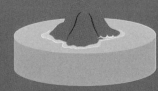 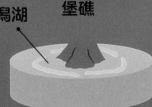 

珊瑚礁依附在陸地邊	陸地遭海水侵蝕,使珊瑚礁與陸地之間出現潟湖	珊瑚礁體內沒有其餘露出海面的陸地

3 火山島

火山活動噴出岩漿,遇到海水冷卻凝固而形成的島嶼。例如**澎湖**、**綠島**、**蘭嶼**、**龜山島**等離島。

在地底下有岩漿庫

岩漿從地殼的縫隙冒出

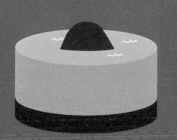

岩漿遇到海水
冷卻凝固形成島嶼

海洋小知識

填海造陸的人工島

關西機場是著名的人工島

人工島帶來的環境破壞也是棘手難題!

除了天然島嶼,人們也會將砂土堆積、填滿水域來建造「人工島」。例如日本關西機場、臺灣彰濱工業區、阿拉伯聯合大公國杜拜的棕櫚群島,都是知名的人工島。

Q56 聽說臺灣附近有「黑潮」，那是什麼呢？

A 黑潮是行經臺灣東部沿海重要的洋流。

親潮

北太平洋洋流

溫暖的黑潮在日本東部沿海與寒冷的親潮交會，並匯集成北太平洋洋流。

黑潮

民答那峨洋流

北赤道洋流

黑潮是僅次於**墨西哥灣流**的世界第二大洋流，它的前身是由東向西流的**北赤道洋流**。

當北赤道洋流到菲律賓東岸時，會分開成往南及往北流的分支，其中往北的就是我們熟知的**黑潮**。

溫暖的黑潮沿途經過**菲律賓、臺灣東部、日本沿岸海域**，對這些地區的氣候、漁獲、文化，都帶來非常顯著的影響。

Q57 黑潮的海水是藍黑色的嗎？

A 黑潮的海水不但不黑，反而比一般海水清澈透明。

很多人以為黑潮名為「黑」潮，是因為海水較黑或髒。事實上，黑潮反而比一般海水還乾淨，陽光可以穿透清澈的海水直達深處，只有少數光線被水中雜質反射回來抵達人眼，所以才會看起來比較黑。

光線

哇，黑潮附近的海水，顏色真的比較深呢！

沿岸
雜質多

黑潮
雜質少

靠近陸地的海水比較多雜質，容易反射光線，才讓水看起來比較亮。

海洋小知識

你應該要知道的黑潮小祕密

1 黑潮能調節氣候

黑潮是暖流，能將赤道的溫暖海水送往北方，平衡地球高低緯度的溫度。

正因為有黑潮從旁邊流過，臺灣、日本比起同緯度的大陸地區，氣候更溫暖潮溼。甚至有學者認為，日本人會以沒那麼適合成長在溫帶環境的稻米為主食，其實也是拜黑潮調節了氣候環境之賜！

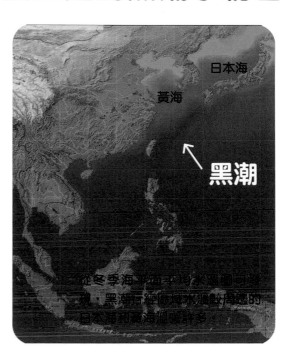

從冬季海平面海水溫圖可發現，黑潮行經區域水溫較周邊的日本海和黃海溫暖許多。

海水溫度

-2　0　2　4　6　8　10　12　14　16　18　20　22　24　26　28　30　32　34　36　38　40　42　44

2 黑潮是海上高速公路

黑潮的流速很快，就像是海上高速公路，所以像是鬼頭刀、飛魚、鯖魚、旗魚等許多魚類都會跟著黑潮洄遊，經常吸引鯨魚、海豚等大型海洋生物前來覓食；這也使得黑潮附近成為良好漁場，發展出許多漁業活動與文化。

人類也懂得利用這條快車道呀？

Q58 臺灣周圍海域的水下環境有什麼特別的生態系嗎？

A 臺灣周遭多元的地質條件、地形，孕育出海底熱泉、紅樹林、珊瑚礁等多樣化的生態系。

臺灣位於大洋與陸地的交界處，同時也在地殼運動活躍的板塊交界帶，不僅擁有深度在200公尺內的**大陸棚**、深度超過3000公尺的**海盆**與**海溝**，還有**海底火山**、**珊瑚礁**等地貌，再加上季風與洋流的影響，讓臺灣島四周的水下環境個個截然不同。

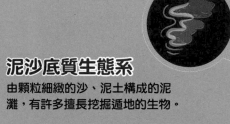

泥沙底質生態系
由顆粒細緻的沙、泥土構成的泥灘，有許多擅長挖掘遁地的生物。

金門

澎湖

龜山島

淺海熱泉生態系
被地熱加熱的海水溶出了岩石中的礦物質，孕育許多能適應這些化學物質的生物。

北回歸線

潟湖生態系
海灣因河流淤積而形成的半淡鹹水區域，水流緩慢且有來自陸地的豐富營養鹽，成為許多生物育幼的環境。

礁岩生態系
環境中大多為礁岩，聚集眾多藻類和珊瑚、海綿等底棲動物，礁岩的孔隙躲藏了許多生物。

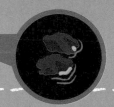

綠島

紅樹林生態系
有紅樹林植物生長的泥灘地，落葉枯枝分解後成為營養的有機碎屑，根部也是許多生物躲藏的好所在。

蘭嶼

東沙環礁

珊瑚礁生態系
主要由珊瑚與共生藻類構成，生物相當豐富又多樣。

海草床生態系
東沙環礁雖然以珊瑚礁生態系為主體，但這裡也有全國最大的海草床生態系，長滿海草的淺海環境也是許多魚蝦的育兒場所。

Q59 臺灣水下環境的生態系，又各有什麼特別的生物住在這裡呢？

A 烏龜怪方蟹、倒立水母、巴氏豆丁海馬，每種生態系的生物都大不相同！

 每種生物喜歡的環境不同，有些生物喜歡在開闊空間裡飆泳，有些喜歡躲在縫隙中等食物上門，有些則愛在淺水環境做日光浴。

 臺灣海域不僅環境豐富多元，地理位置位於熱帶與亞熱帶之間，合宜的溫度成為許多生物分布的南北界線，孕育出許多同緯度大陸地區罕見的生物。

三棘鱟
全世界有四種鱟，會在泥沙地上產卵並度過童年。太平洋西部的則是體型最大的三棘鱟。

龜山島

烏龜怪方蟹
生活在海底熱泉附近的螃蟹，相當適應熱泉旁的酸性水質。

金門

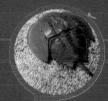

北回歸線

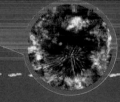

弧邊招潮蟹
紅樹林常見的招潮蟹，會深挖泥地做窩，洞口則用泥巴堆起一堵圍牆，有防禦與求偶的功能。

澎湖

梅氏長海膽
會分泌酸性物質把礁岩溶解、挖掘出一個凹槽並住在裡面，晚上才會出來啃食藻類。

綠島

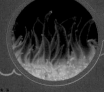

東沙環礁

倒立水母
生活在溫暖緩流淺海的水母，會上下顛倒躺在海底，讓口腕上的共生藻類行光合作用。

蘭嶼

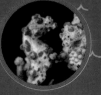

巴氏豆丁海馬
只有 2 公分大的迷你海馬，外觀與珊瑚維妙維肖，很不容易發現。

有些生物非常稀少，棲地被列為保護區；有些生物更深具的文化意義。

雪花鴨嘴燕魟
生活在淺水區、海草床的魟魚，會挖掘藏在泥沙裡的貝類出來吃。

Q60 為什麼臺灣海峽以前被稱為「黑水溝」呢？

A 以前的人因為臺灣海峽湍急凶險、海水顏色較深，就將它稱做黑水溝。

早期渡海來臺的漢人因臺灣海峽海象凶險，船隻經常禁不起大浪或暗流而發生船難，因此用「黑水溝」來形容這片海域的危險，甚至還有「十去，六死，三留，一回頭」的諺語流傳。

近代科學家探察發現，臺灣海峽海底的確有一條狹長且水深較深的「澎湖水道」，加上湍急的海流讓這裡的懸浮物少，更顯的清澈深邃，因此「黑水溝」也可能指的就是澎湖水道。

海洋小故事

臺灣海峽曾經可以「走過去」？

在寒冷的冰河時期，水深比較淺的臺灣海峽，曾經因為海平面下降而露出海面，成為許多動物的棲身之地。

考古學家曾在澎湖水道發現古菱齒象、德氏水牛、麋鹿，甚至還有距今約45萬至19萬年前臺灣目前已知最古老的人類化石，這些都是當時人類和動物曾經「徒步」在臺灣海峽上的證據。

Q61 聽説臺灣北部有「陰陽海」，那是什麼呢？

A 陰陽海是指海水看起來呈現兩種顏色的特殊地貌。

位於新北市瑞芳區的水湳洞陰陽海，是東北角著名的地景。這裡海灣內的海水呈黃褐色，與外海的藍色海水形成明顯對比，因此被稱為「**陰陽海**」。

陰陽海的形成與鄰近的金瓜石礦山有關。這裡有豐富的黃鐵礦，當九份溪流經礦區會夾帶大量鐵離子，入海後則形成**氫氧化鐵**，並與其他懸浮物結合，就讓海水看起來呈現黃褐色了。

原來海水變黃不是因為泥沙或汙染造成！

水湳洞海灣的黃褐色海水，集中在水深 3 公尺的海水表層，底下仍是藍色的海水。

海洋小故事

被誤會的臺金公司

盛產金礦、銅礦的金瓜石，早在日治時期即開始經營冶礦事業。過去人們認為，陰陽海的黃褐色海水是因為礦業排出的廢水汙染。不過，1987年臺金公司停業後陰陽海卻依然存在，經過科學家分析才發現陰陽海不是臺金公司造成的汙染，而是水中鐵離子所引起的。

經營金瓜石礦山數十年的臺金公司，曾是當地盛極一時的產業。圖為現已成為著名觀光景點的水湳洞選煉廠遺址。

哇，這個選煉廠遺址好像荒廢的宮殿喔！

Q62 龜山島附近的「牛奶海」是怎麼來的呢？

 A 龜山島底下火山活動形成的海底熱泉浮上海水表面，才使附近海水呈現乳白色。

 龜山島是臺灣少見的活火山，目前仍有溫泉和硫氣等火山活動。在東南方的龜首附近，更可清楚的看到乳白色的「**牛奶海**」，形成著名的奇景。

牛奶海

當船隻駛進時，也能聞到濃濃的硫磺味。

> 牛奶海的水質較酸，不適合泡太久喔！

好臭呀！

我的皮膚好癢呀！

牛奶海

熱海水噴出口

冷海水入水口

牛奶海的形成與龜山島海域海底火山的活動有關。由於海底火山會不斷加熱海水，並釋出二氧化碳和含硫物質，形成**海底熱泉**。當海底熱泉遇到一旁的冷海水，就會產生化學作用使海水變白。

如果火山變得更活躍，或是發生地震讓岩石裂隙增加時，岩漿替海水加熱、加料的活動也會增強，牛奶海的範圍就有可能再擴大。

岩漿庫

Q63 馬祖知名的「藍眼淚」是怎麼形成的呢？

A 藍眼淚源自海中大量夜光蟲所發出的光。

鄰近馬祖的中國福建省閩江，每年在四到六月會進入豐水期，此時河水會夾帶豐富營養鹽流入馬祖周遭海域，滋養出大量矽藻，連帶使以此為食的**夜光蟲**也快速增加。

夜光蟲受到刺激時會釋放出生物冷光，讓此時的海面閃耀陣陣藍光，成為人們眼中的「**藍眼淚**」。

閩江口

營養鹽　　浮游藻類　　夜光蟲

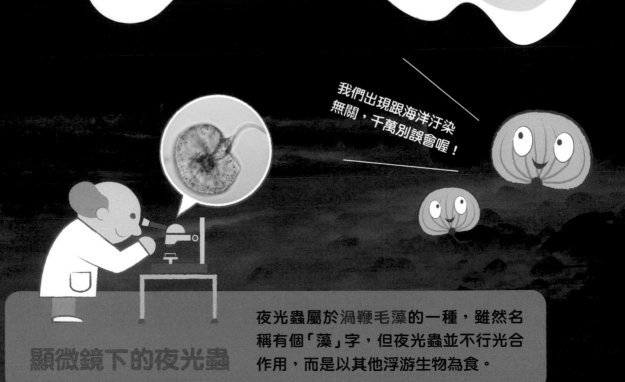

我們出現跟海洋汙染無關，千萬別誤會喔！

顯微鏡下的夜光蟲

夜光蟲屬於渦鞭毛藻的一種，雖然名稱有個「藻」字，但夜光蟲並不行光合作用，而是以其他浮游生物為食。

Q64 為什麼桃園地區海邊會有像沙漠的沙丘？

A 充足的沙源加上東北季風吹拂，使沙粒吹上陸後在岸邊堆積形成沙丘。

桃園地區北邊的溪流，在鄰近海岸處堆積了大量漂沙，每年九月至隔年五月間東北季風盛行時，會將退潮後露出的沙灘表層吹乾，加上季風與海岸陸地呈斜交角度，使得風力減弱後，沙粒就堆積在岸邊形成沙丘。

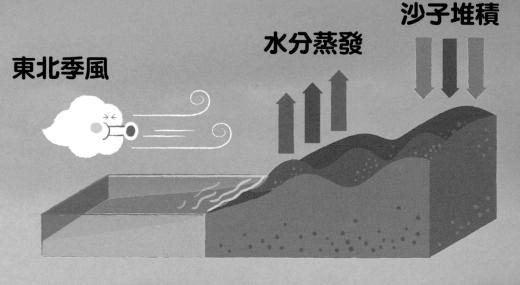

東北季風 **水分蒸發** **沙子堆積**

哇，沒想到臺灣有「沿海沙漠」，真是太神奇了！

桃園海濱的沙丘中，以綿延 8.1 公里觀音區草漯沙丘最為知名，常被戲稱為「臺灣版撒哈拉沙漠」，也是目前全臺灣規模最大的濱海沙丘。

Q65 為什麼西部沿岸可以看到很多「大電風扇」呢？

A 因為這裡的風力強勁，所以興建了許多看起來像大電風扇的「風力發電機」。

 風力發電是乾淨、可再生的綠色能源之一，而臺灣海峽冬天有強勁的東北季風，加上受到中央山脈與中國福建武夷山脈構成的狹窄地形，使得此地的風力更強，很適合風力發電。

冬季東北季風

武夷山脈

臺灣海峽

中央山脈

夏季西南季風

風力發電機組分為建在陸地上的**陸域型**與建在海上的**離岸型**風力機。臺灣現有的陸域風電機分布在桃園、新竹、苗栗、臺中、彰化等地，未來則將陸續在**彰化外海**、**澎湖海域**等地發展**離岸風電**，期待能在2025年達成再生能源（主要以太陽能和風力發電為主）占全國總發電量25%的目標。

好壯觀的風力發電機呀！

苗栗外海的海洋竹南風力發電場是臺灣第一座正式營運的離岸風力發電廠喔！

海洋100問

如何探索海洋

Q66 → Q85

遼闊無際的大海擁有豐富資源，
該怎麼探索海洋中形形色色的不可思議？
一起來航向大海，認識自古以來的航海與觀測科技，
同時也學習如何與海洋和平共處。

A 造船原理相同，但功能和動力進步許多。

蘭嶼達悟族拼板舟

船是人類為了探索河川、湖泊、海洋而發明的重要交通工具。最早期的船構造十分簡單，只能乘載一人或數人。例如臺灣阿美族人的**獨木舟**、達悟族人的**拼板舟**均屬此類。

船的功能與時俱進，逐步發展出**龍骨**、**肋骨**等讓船體加固的構造。現代的船將這樣的結構改良後，將材料從木頭變成更堅固耐用的鋼鐵、合金或玻璃纖維。

古代的船以木製為主。圖為在賽普勒斯共和國塔拉薩市博物館展示的西元前4世紀，古希臘的凱里尼亞二號複製品。

貨輪
郵輪
軍艦
快艇

至於驅使船前進的動力，更有顯著的差異。早期以人力和風帆為主，工業革命後才開始運用蒸汽機作為引擎，從此可以航行更遠並載運更多人和貨物。而現代的船主要運用汽油或柴油引擎發動，並出現各種專業用途的船，如漁船、客輪、貨櫃船、軍艦等。

 **Q67** 像鋼鐵等沉重的造船材料，為何能浮在水上？

A 因為船是中空的設計，可使整艘船體的密度變小並增加浮力。

← 空氣 →

密度是物質密集的程度，密度越小的東西越容易浮起來。海水的密度約為 1.03 g/cm^3，但許多造船的材料密度都比海水大，像鋼鐵高達 7.85g/cm^3，如果把一整塊鋼鐵投入海中，必然很快沉入海底。

不過造船時會用鋼板鑄造，排水的體積遠大於鋼鐵本身，中空的貨艙則可填滿大量空氣（密度約 0.001 g/cm^3），因此整艘船的密度就會小於海水，才能浮在水上。

海洋小實驗

黏土船能載多重？

● 準備器材：一塊黏土團、數個1元硬幣、寬口盛水容器
● 實驗步驟：

❶ 將黏土團投入水中，由於黏土會沉沒，表示黏土的密度大於水。

❷ 將黏團土取出，揉捏成小船造型放於水中，小船不會沉沒，表示小船的密度小於水。

❸ 在船裡逐步放入硬幣，看看船上載了多少硬幣才會沉入水中。

想一想，如果想放更多硬幣的話要怎麼調整船的形狀呢？

A 駕船者會將風帆斜向面對風向，改採「之」字型方式來回移動，即可慢慢前進。

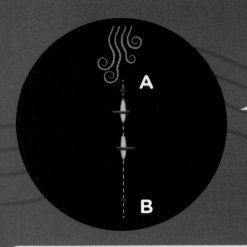

早在石器時代人們就會運用帆船來探索大海，不過帆船主要運用風力航行，順風時可以很順利從 A 點航行至 B 點。

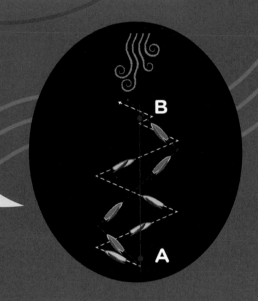

但逆風時就很難前進，需要讓船帆略微轉向，使帆和風向斜交，產生斜向的運動力前行。當航行一小段後，再快速轉動帆面，朝另一邊斜向航行，反覆幾次後就可以慢慢抵達 B 點了。

海洋小知識

廣受歡迎的帆船運動

帆船是很受歡迎的水上運動，由於帆船運動比賽是在開闊的海面進行，風向和場地皆深受環境變化影響，選手們必須具備氣象、海象知識、高超的操控技術與應變能力才能獲勝，是一項集結競技、娛樂、觀賞、探險等多種特色的賽事活動。早在1900年即已納入奧運的正式比賽項目。

耶，我們要出航比賽了！

海上的船大概有哪些類型和功能呢？

A 通常有漁業用途、交通運輸、軍事活動、調查研究等不同功能的船。

船依用途可分為**漁船**、**貨船**、**客船**、**軍艦**等類型，設計也大不相同。貨船常有又寬又深的船艙，例如載運原油和天然氣的**油輪**，需要在船上設置油糟、氣槽和連接管線的設備，而**貨櫃輪**則是連甲板上也能堆疊貨櫃以增加運量。

長榮海運的長範輪，可載運約 2.4 萬個 20 呎標準貨櫃，是目前全世界運量最大的貨櫃船。

旗津二號渡輪

客船是載客為主的船，最常見的短程客船是**渡輪**，例如淡水河的藍色公路、高雄市與旗津之間的觀光渡輪等。長程客船有時也載貨，稱為**客貨船**，像是臺灣和馬祖間的臺馬之星、臺灣和澎湖間的臺華輪等。

還有一種特別的客輪稱為**郵輪**。早期的郵輪會傳遞郵件並兼作跨洋運輸和觀光，但現在的功能則集中在觀光休閒，因而也稱作「**遊輪**」，彷彿能環遊世界的海上飯店。

能容納近 6300 人的海洋綠洲號，是目前為止全球最大的郵輪。

軍事用途的船稱為**軍艦**，大型軍艦常會配備炮彈、魚雷、飛彈等武器。但不是所有軍艦都以攻擊為主，還有讓大量戰機能起降的**航空母艦**、補給艦、登陸艦等。

現為全世界規模最大的美國福特號航空母艦。

Q70　船一定需要港口才能靠岸嗎？

不一定，但在港口靠岸能保護船體不易受損，也方便人員和貨物上下船。

船只要有適當的**風向**和**水流**都能靠岸，但設置港口更能方便船舶停靠，及貨物、人員的運輸。港口依用途不同，分為商港、漁港、客運港或軍港等。通常港口與外海間會有屏障區隔 船才不會受海浪影響亂晃甚至漂動。

航運與貨運業務極為繁忙的高雄港，是臺灣最大的港口，2020 年則名列全球第十五大。

在港口內還會設置**碼頭**，方便船舶載客與上下貨品。碼頭有大有小，簡易碼頭只是一條由岸邊伸往水中的長堤，大型商港會設置數百個輪船泊位，以及可以存放眾多貨櫃的碼頭；軍港則還會在碼頭上停泊軍機。

荷蘭鹿特丹港是歐洲最大的港口，碼頭沿岸可以同時停泊六百多艘輪船。

海洋小知識

引水人的神奇本領

大型的船舶要靠岸時，必須要有俗稱「引水人」的領港員協助，才能避免撞上碼頭。他們除了要會開船、操作各種硬體設備，也要十分了解港口和周遭的海底地形、潮汐、水位變化，甚至還要能用各國語言與船員溝通才能協助大船順利靠岸。這是一個需要好體能和高超技術，也要通過國家考試取得證照才能擔任的專業工作！

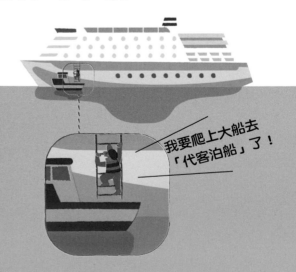

我要爬上大船去「代客泊船」了！

 Q71 為什麼要在港口和海邊設置燈塔呢？

 A 燈塔的設置是為了透過光源，引導海上的船辨識方向、避開危險以安全靠岸。

 早在三千多年前，人們就會在海邊的山巔上設置**烽火臺**來引船靠岸。隨著建築技術的進步而出現高塔造型的燈塔，這是因為當光線的位置越高，水手及漁民越容易從遠方的海上發現。

 現代的燈塔除了透過光源引導船舶，並以光線作為航路標記，也會運用雷達、無線電等科技航標，協助海上的船定位及導航。

除了燈塔之外，有些地方也會設置類似燈塔的「**燈杆**」，例如船從港口出航時，右側會有綠色的燈杆和綠燈，而左側就會是紅色燈杆和紅燈，可以方便進出港口的辨識。

原名西嶼燈塔的澎湖漁翁島燈塔，是臺灣最古老的燈塔之一喔！

 **海洋小知識**

燈塔與菲涅耳透鏡

過去燈塔常有燈光傳不夠遠的問題，科學家原本想用凸透鏡來加強效果，但大型鏡片非常厚重且難以製作。直到19世紀，法國工程師菲涅耳（Augustin Fresnel），發明了焦距較短且比傳統透鏡更加輕薄的「菲涅耳透鏡」，從此燈塔的光線可以傳得更遠，後來這項發明也廣泛的應用在車燈、攝影燈與相機上。

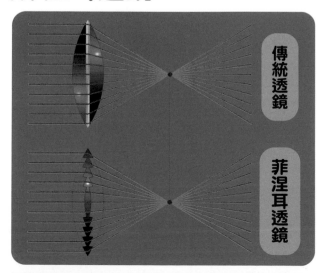

傳統透鏡

菲涅耳透鏡

Q72 水手要怎麼在茫茫大海辨認方向呢？

A 可利用星星的相對位置辨認，亦可運用燈塔、羅盤或全球衛星定位系統找到方向。

茫茫大海沒有明顯的標記，在過去沒有羅盤的時代，水手會運用天上的星星、不同季節的風向，或是岸上的地景和燈塔，來幫助自己辨別方向。

例如，觀察日升日落就能幫助自己找到東西方，南北半球的人們也能透過尋找**南十字星**和**北極星**來辨識南方和北方。

海洋小知識

用太陽來計算自己所在的位置（緯度）

我看到的太陽在比較低的位置

除了東升西落的方位線索，仔細觀察太陽的相對位置，也可以幫助人們判斷自己到底是在地球上的哪個位置。

例如在正中午觀察太陽時，太陽的位置越低、越接近地平線，則觀測者所在地的緯度比較高；太陽的位置越接近頭頂正上方，則代表觀測者所處的位置緯度比較低。

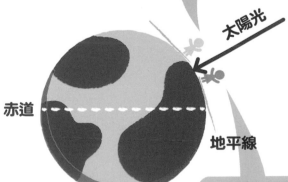

太陽光

赤道

地平線

太陽在我的頭頂正上方。

尋找北極星有很多方法，例如春天時可先找到北斗七星（大熊座），從勺口的前緣兩顆星，往前延伸5倍距離，就可以找到北極星。

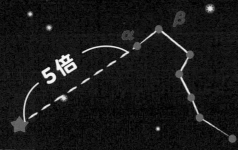

5倍

北極星

水手們還會透過長期觀測天象，找出太陽、月球及恆星在不同時間、地點的高度變化，製作成「**航海曆**」，只要能辨認出恆星並觀察恆星所在的高度，就能利用航海曆查詢和換算，得知自己的位置。

現代的**全球衛星定位系統(GPS)**，則是利用在天空中運行的人造衛星和人們之間的距離來計出定位點，假如沒有發明GPS，恐怕要數學很好才能知道自己的位置呢！

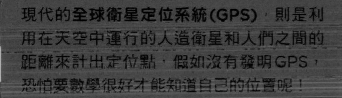

海洋小故事

海洋的守護神 — 媽祖

在航海科技尚未普及的時代，漁民和水手經常得冒著未知的凶險出海，此時能撫慰心靈的信仰就很重要。流傳於臺灣、中國東南沿海、沖繩、日本、東南亞等周邊海域最重要的海神則首推媽祖。

媽祖本名林默娘，相傳她常在海上風浪很大時顯靈讓風浪變小，保祐漁民航行平安。2009年，媽祖信仰更入選聯合國教科文組織人類非物質文化遺產。

Q73 漁民都會在哪裡捕魚呢？

A 有些漁民僅在沿岸捕魚，有些則會遠渡重洋到世界各海域捕魚，也有些漁民會養殖水產。

現今的海洋漁業，依照離岸捕撈天然漁業資源的遠近，分成在領海12海里內作業的**沿岸漁業**；在離岸12海里至200海里經濟海域作業的**近海漁業**，以及在200海里經濟海域之外的公海作業之**遠洋漁業**。由漁民自行在沿岸地區養殖並生產漁業資源則稱為**養殖漁業**。

註：1海里等於1.852公里。

四面環海的臺灣，漁業資源極為豐富。圖為停泊在基隆港邊的漁船。

海洋小故事

等待鰻金的捕鰻人

沿著黑潮漂流千里的鰻苗，通常會在深夜漲潮時進入沿岸河口，捕鰻人則會抓緊時機出動捕鰻。

鰻魚的經濟價值極高，是漁民眼中的「鰻金」。不過隨著河川棲地破壞導致鰻魚數量減少，國際間也陸續制定保育鰻苗的公約。臺灣漁民捕捉的鰻苗屬於「日本鰻」，出生於馬里亞納群島西側海域，成年後隨著黑潮漂流數千公里造訪東亞各國，每年僅在11月到隔年2月可以合法捕撈。這段期間許多漁民會聚集在鰻苗必經之地的東北角海域和蘭陽溪口，搭建臨時帳棚埋鍋造飯，等待深夜時再聚集沿岸捕鰻，形成極為特別的景觀。

Q74 臺灣的養殖漁業會養殖哪些水產呢?

 A 臺灣最常見的養殖水產包括虱目魚、吳郭魚、石斑魚、牡蠣、文蛤、白蝦等。

天然漁業的資源有限,因而養殖漁業也逐漸發展成為臺灣最重要的漁獲來源。目前臺灣漁民會以**淡水魚塭、鹹水魚塭、淺海養殖、海面箱網**等四種型式養殖各式魚、蝦、貝類等水產。

淡水魚塭

鰻魚

吳郭魚

用土地圍築堤岸,蓄積淡水養殖。

鹹水魚塭

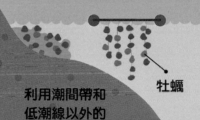

虱目魚

石斑魚

沿岸、內灣、海埔新生地等地區築堤引灌海水,利用各種鹽度鹹水養殖

淺海養殖

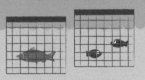

牡蠣

利用潮間帶和低潮線以外的淺海區養殖

海面箱網

在低潮線至外海處,用箱網養殖

餐桌上常見的養殖水產

吳郭魚

虱目魚

牡蠣

石斑魚

白蝦

文蛤

牡蠣是除了魚類之外,養殖最多的海鮮。此外文蛤、白蝦、九孔、鮑魚等,都是可以養殖的水產喔!

虱目魚和吳郭魚是臺灣最多的兩種養殖魚類,因為無論淡水海水皆可養殖、不易生病、適應性高,屬於好養又好吃的魚,因此在臺灣西部的魚塭很常見。

Q75　漁民是怎麼捕魚的呢？

A　最常見的是用漁網捕魚，
也會運用釣魚、陷阱捕魚等方式。

人們很早就開始下海捕撈魚、蝦與其他的海洋生物資源。現代漁獲的主要來源則是漁船捕魚，並依據對海洋環境造成的影響，分為**破壞性**、**針對性**和**永續性**等漁法。

破壞性漁法　指同時大量捕撈各類魚種，可能對海洋棲地造成破壞的漁法，有些已被禁止或限制使用範圍。

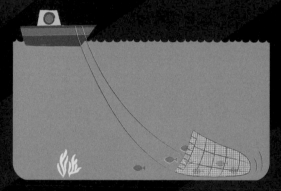

底拖網

利用漁船拉著魚網的兩端向前拖行，還會撞擊並嚴重破壞海底環境。

延繩釣

利用分支的魚繩捕撈鮪魚、鬼頭刀等大型魚，但容易誤捕鯊魚、海龜。

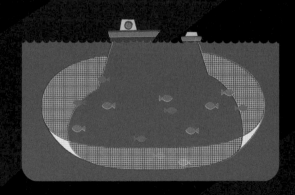

圍網

利用兩艘船將網像圍巾般圍繞的捕魚方式，一樣有可能捕到不需要的魚。

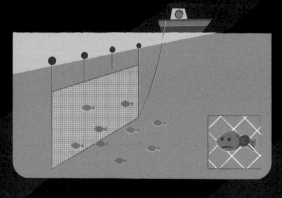

流刺網

垂直的漁網讓魚經過時會卡住，有些漁民會搭配不同網目的漁網，一網打盡大魚小魚。近海許多區域和國際公海都已禁用。

> 這些捕魚方法都好殘忍！

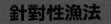

針對性漁法

針對特定魚種或海洋生物的捕魚方式。有時也會因不同漁具而誤捕其他魚類，但整體來說對海洋環境的傷害仍比混獲的破壞性漁法小。

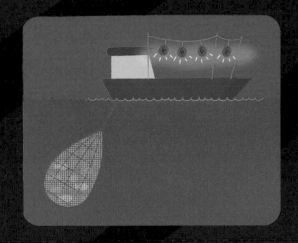

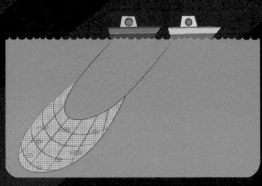

火誘網

利用鎖管、鯖魚等生物的趨光特性，在夜間以強光誘捕這些生物。

雙船拖網

由兩艘船在水中拉開漁網，並常會訂禁漁區、禁漁期和管制漁獲量。

永續性漁法

僅針對目標魚種，放其他海洋生物生路，且不傷害海洋環境的漁法。漁獲量雖然可能較差，卻是較能永續管理漁業資源的方式。

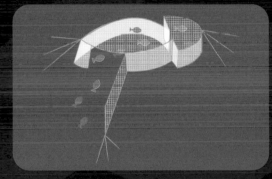

曳地網

又稱「牽罟」，漁民會在魚群靠岸時撒網，再由人們協力拉魚網上岸。

陷阱捕魚

在沿岸設置漁網陷阱，如定置網就是利用漁網引導讓魚群游入的陷阱。

太棒了，今天大豐收！

在臺灣有悠久歷史的**石滬**，則是讓魚群在漲潮時游進陷阱裡，但退潮時則因石滬高於海水而游不出去，此時漁民再用網撈取漁獲。圖為澎湖七美的知名景點「雙心石滬」。

Q76 搭船去賞鯨豚，會打擾到牠們嗎？

A 海上賞鯨活動多少會干擾到鯨豚生態，唯有保持適當距離並和緩航行才能減少。

耶！我看到鯨魚了。

乘坐賞鯨船在花蓮附近海域賞鯨的遊客們。

臺灣四周孕育著豐富的鯨豚生態，在全球八十多種鯨豚中，有近三十種曾出現於臺灣周遭海域，其中又以**宜蘭**、**花蓮**、**臺東**等東海岸的鯨豚活動最為密集，夏季時的目擊率可高達80、90%。

雖然賞鯨是臺灣很受歡迎的野生動物觀察活動，每年有數十萬人次參與，但為了減少對鯨豚生態的干擾，賞鯨時要記得船隻須與牠們保持50公尺以上的距離，不可過度逼近或追逐鯨豚，也要記得不能餵食或觸摸牠們喔。

Do Not
賞鯨時我不這麼做

不亂丟垃圾到大海中

不餵食或追逐鯨豚

不追逐或包圍鯨豚

不可拆散或切入鯨豚群

Q77

潛入海中時，需要穿什麼特殊裝備嗎？

A 有些潛水活動只需要面鏡和呼吸管就能進行，但想潛得更深，就需要穿戴複雜裝備。

浮潛

自由潛水

水肺潛水

潛水是很受歡迎的水上活動。若是短時間或在海水表面進行休閒觀光性質的潛水活動，通常不會使用複雜的裝備。例如**自由潛水**是以憋氣進行；**漂浮**在海水表面的**浮潛**，則僅需要面鏡、呼吸管、救生衣等簡單裝備就能進行。

需要長時間待在海底環境從事生態調查、休閒運動或海底工程的專業潛水人員，就得穿戴全套防寒衣與手套、頭套、氣瓶、呼吸調節器、浮力調整背心等確保安全的裝備，這種潛水方式稱為**水肺潛水**。

海洋小知識

全身都在冒氣泡的潛水夫病

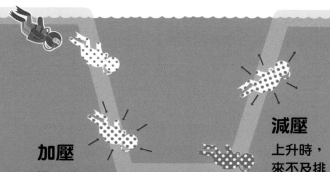

加壓
潛水時，血液融入較多氣體

等壓

減壓
上升時，來不及排出的氣體形成氣泡

水越深壓力越大，所以潛水時血液中會溶入較多氣體，一旦上升太快返回壓力較小的環境，血液中的氣體來不及排出，就會在血管內形成氣泡，阻礙血液循環，造成皮膚紅癢、關節疼痛、呼吸困難等症狀，俗稱「潛水夫病」。因此潛水時需要慢慢的分段上浮，才不會出現潛水夫病。

Q78 為什麼潛水艇可以潛入海中？

A 潛水艇中有儲存海水或空氣的地方，一旦注入海水時，就會變重而下沉，反之則會上浮。

潛水艇透過內部可以調整氣壓的壓力艙和俗稱「**沉浮箱**」的水箱，可以透過控制氣壓、進水或排水來改變潛艇的浮力。潛水艇能探查數千公尺深的海底生物與環境，對於現代的科學知識和科技發展幫助極大。

航行在俄羅斯科拉灣夕陽下的柴油動力潛艇。

潛水艇潛水原理

1 壓力艙充滿空氣，閥門關閉。

2 打開閥門讓海水進入，潛艇會逐漸下沉。

3 艙內充滿海水、閥門關閉，潛艇停止下沉。

4 將空氣打入艙內、排出海水，潛艇逐漸上升。

鸚鵡螺是在地球上存活兩億多年的活化石。

據說潛水艇的設計靈感來自海洋生物鸚鵡螺。鸚鵡螺生活在印度洋和太平洋50～300公尺深的海域中，內有數十個獨立氣室，可以透過調節氣體來操控身體浮沉。世界上第一艘運作服役核子動力潛艇就名為鸚鵡螺號。

氣室 — **氣體**

住室 — **液體**

鸚鵡螺會透過調節體內氣室的氣體比例來控制上下的浮力。

1952年建造的鸚鵡螺號，也與知名科幻小說《海底兩萬里》出現的虛構潛艇同名。

躲過盟軍監測的德國潛水艇

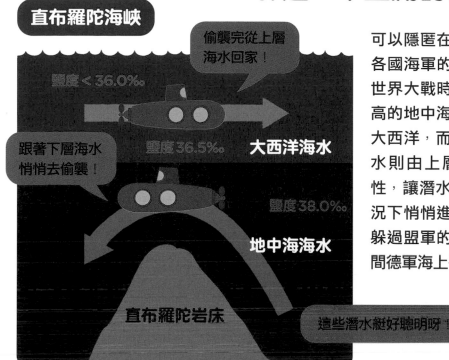

直布羅陀海峽

偷襲完從上層海水回家！

鹽度 < 36.0‰

鹽度 36.5‰ **大西洋海水**

跟著下層海水悄悄去偷襲！

鹽度 38.0‰

地中海海水

直布羅陀岩床

這些潛水艇好聰明呀！

可以隱匿在水下的潛水艇成為各國海軍的重要武器。第二次世界大戰時，德軍就利用鹽度高的地中海海水會由底層流至大西洋，而鹽度低的大西洋海水則由上層流入地中海的特性，讓潛水艇在關閉引擎的情況下悄悄進出直布羅陀海峽，躲過盟軍的監測，成為二戰期間德軍海上爭霸的重要利器。

潛水艇DIY

- 準備器材：吸管、剪刀、迴紋針、有蓋的空寶特瓶
- 實驗步驟：

① 剪一段約6公分長的吸管，將迴紋針套進對折的吸管管口，使吸管不會張開。

② 將套好迴紋針吸管開口向下，放入水中，如果吸管呈水平，就加一點迴紋針讓其垂直，即完成浮沉子。

③ 將浮沉子放入裝水九分滿的保特瓶中並蓋緊蓋子。擠壓瓶身時，浮沉子會因為空氣被壓縮，水跑入吸管中而減少浮力下沉。反之則會上浮，就像潛水艇一樣酷喔！

Q79 海洋地殼與大陸地殼有什麼不一樣呢？

A 海洋地殼較薄且大多由玄武岩組成，而大陸地殼則多由花岡岩組成。

地殼是地球結構中最外層的部分，主要分成**海洋地殼**與**大陸地殼**。其中海洋地殼多由**玄武岩**，厚度較薄，約5～10公里；大陸地殼則由**花岡岩**組成，厚度較厚，約20～80公里。

由於海洋地殼密度較大陸地殼大得多，因此海洋板塊常隱沒至大陸板塊之下，板塊交界處的**隱沒帶**也是最常發生地震的地方。

大陸地殼

海洋地殼

地函

隱沒帶

Q80 海裡面究竟有沒有藏著傳說中的寶藏呢？

A 海裡面可能藏著過去人類生活的遺跡，以及眾多沉沒其中的船舶、飛機相關物品。

經歷千萬年來的**地殼變動**及**海面抬升**，許多古人在陸地上的生活遺跡已隱沒海底；加上許多沉船、墜機上的文物資料，海底已成為現代考古學家努力想要探察研究的寶庫。

聯合國教科文組織在2001年特別訂立了「**聯合國保護水下文化遺產公約**」，規範海難百年以上的沉船不得任意打撈、搶掠與破壞，以保障人類珍貴的考古資料。

希望我也可以找到沉船的寶物！

潛水人員正在紅海阿布努哈斯水域探索「Chrisoula K」沉船，這艘船是在1981年遭遇船難而沉沒。

Q81 為什麼有些地方的海域，甚至還會出現「水下城市」呢？

 A 受到天災的影響，許多分布在世界各地的古老城市，現在都已沉沒在水底，形成水下城市。

 許多古文明發達的沿海區域，常會出現「**水下城市**」。這些原本在陸地的城市，受到自然災害的影響而沒入海底，卻因此躲過嚴重的自然侵蝕和人為破壞，得以保留較完整的遺跡。

希臘、以色列、埃及等地都有水下城市遺跡，其中最古老之一，約有5000 年歷史、位於希臘南端海灣的**帕夫洛彼特里古城**，推測是因西元1000 年左右的一場地震而沉沒。

帕夫洛彼特里古城曾是荷馬時代重要的港口城市，考古學家推測特洛伊戰爭時的勇士可能就由這裡出征。圖為這座古城未被淹沒的一部分。

海洋小故事

虎井沉城之謎

過去因海象凶險而屢有船難的臺灣海峽，原本就是水下考古重鎮。近二、三十年間，更因在澎湖群島虎井嶼附近海域，發現疑似沉城遺跡而備受關注。

我看到沉城了。

① 古人很早就發現虎井嶼東南方海域下疑似有沉城。

啊！這很有可能是古城牆呀！

② 1982 年，潛水專家謝新曦在這裡的海底發現一道疑似城牆的遺跡。

這個古文明時間有可能跟埃及金字塔和馬雅古文明一樣久呢！

③ 來自日本、英國的考古學家也紛紛前來探訪，發現更多可能的遺跡，他們認為這裡過去可能有十字形的城牆。

④ 不過，這個推測至今還沒有得到證實，未來還需要更多證據驗證。

我們以後一定要破解這個沉城之謎！

Q82 人類如何探索深海呢？

A 會運用聲納、無人潛水艇、水下機器人等多樣化的研究工具探索深海。

幅員廣闊的海洋平均深度約為 3,700 公尺，但水深 100 公尺以下就幾乎無光，加上深海環境高壓、低溫又缺氧，人類極難到達，因而也有「內太空」的別稱。

聲納測量水深原理

> 聲納可以透過記錄聲波反彈時間，協助人們計算海底深度與魚群位置。

過去人們只能利用加了重錘的繩子來測量海洋深度，後來科學家發明了聲納，才能透過聲波反射來探測海底地形。之後又發明了水下機器人、水下遙控無人載具等研究工具，讓深海探測變得更加有效率。

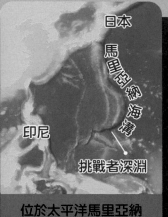

日本
馬里亞納海溝
印尼
挑戰者深淵

位於太平洋馬里亞納海溝的挑戰者深淵，深達 10916 公尺。

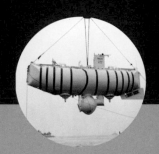

> 第一艘載人進入挑戰者深淵的深海潛艇的里雅斯特號（Trieste）。

海洋小故事

從回音定位找到發明靈感的聲納

一般來說，聲波在空氣中的傳播速度是每秒 340 公尺、水中則是每秒 1500 公尺。而在大自然界，很多動物都會以「回音定位」——利用聲音的傳播來推算獵物與環境的距離，例如鯨魚和海豚因為視力不好，會發出聲音並聽自己的回聲來定位方向。現代聲納的發明，也是借鏡這些動物而來的靈感。

難怪鯨魚要常常發出聲音，甚至還被稱為「鯨歌」呢！

鯨魚探尋獵物時，會由鼻道附近發出聲音，經過有聚焦功能的額隆後，發射至目標物上形成反射，最後再由下顎接收回聲，傳到鼓膜以判斷方位。

Q83 海洋研究船通常會進行什麼研究呢？

A 通常會進行水文、漁業、海底地震、地質與海床調查，也會探勘石油或進行極地研究。

海洋研究船的基本配備

海洋研究涉及的層面極廣，從航海圖的繪製、海洋生態、石油、天然氣資源的掌握、海底地震的觀測，以及海水物理、化學特質的變化，乃至對大氣環境及氣候的長期影響等都需要掌握。現代的海洋研究船也會依不同功能搭配專業的探測與研究設備。

長支距震測系統

聲納系統

水下遙控無人載具（ROV）

溫鹽深儀（可調查不同深度的海水特性）

海底地震儀

長岩心採樣系統

沉積物收集器

石油或地質探勘需要專業的鑽井設備。圖為日本打造、號稱世界最先進的深海鑽探船的「地球號」，有鑽探7公里深的能力呢！

海洋小知識
開啟臺灣海洋研究的領航者

臺灣的海洋研究始於1960年代初期，當時使用「九連號」研究船，直至1984年才委由挪威建造第一艘海洋研究船「海研一號」。在2020年啟用新海研一號、二號、三號後，目前正在服役的海洋研究船共有11艘，未來將為我國帶回更多珍貴的海洋探勘資料。

海研一號服役三十多年來，航程總長度已超過170萬公里，累積不少生物、水文、海流、水深、震測的重要資料。

Q84 海洋可以發電嗎？

A 海洋運動可產生源源不絕的能源，包括海流、潮汐或海水溫差都能用來發電。

再生能源是指來自大自然且能自動再生的能源，像是**太陽能、風力、水力**等，海洋能源也屬於再生能源的一種。近年來科學家不斷致力於研究利用海洋能源發電的各種方式。

雖然海底地層可能有石油、天然氣或是提煉核能發電的燃料，但這些仍屬傳統能源，不是可再生的海洋能源喔！

1 潮汐發電

利用漲退潮時海水的高度變化或是水流方向的變化，帶動渦輪機發電。

漲潮時

蓄水池　　　　發電廠內部　　　海

水面漸升　　　　　　　　　　　水面降低

濾網

渦輪發電機　水流推動螺旋槳

退潮時

蓄水池　　　　發電廠內部　　　海

水面降低　　　　　　　　　　　水面漸升

濾網

渦輪發電機　水流推動螺旋槳

2 海洋溫差發電

在熱帶或副熱帶海域，表層與深層海水之間的溫差可高達 25℃，透過不同溫度的海水即可帶動渦輪機發電。

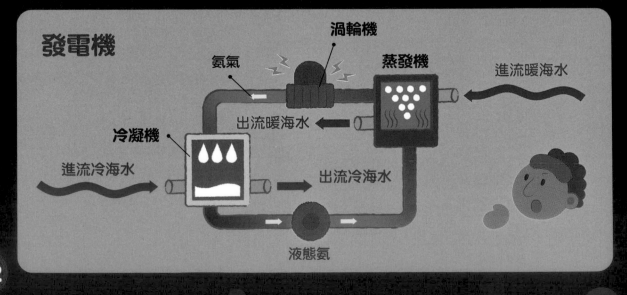

發電機

渦輪機

氨氣　　　　　蒸發機

　　　　　　　　　　　　　　進流暖海水

出流暖海水

冷凝機

進流冷海水　　　　　　　出流冷海水

液態氨

3 波浪發電

利用海面上波浪高低的變化轉換成動能帶動發電機。

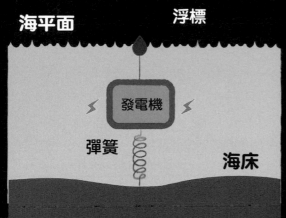

海平面　　浮標

發電機

彈簧　　海床

4 海流發電

在海底下放置像風力發電機一般的設施，只是將功能改成利用海流來帶動發電機。

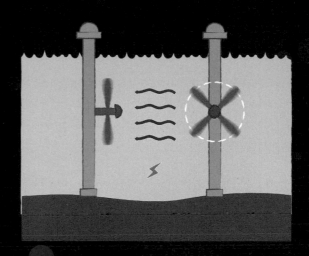

由於海洋發電需要克服海水的高腐蝕性，機器也須承受高壓，不易執行！目前實際運作僅潮汐發電，其他仍在開發測試中。

Q85 為什麼科學家會在海底鋪設電纜呢？

A 利用海底電纜，可以將電力和電信通訊訊號傳到另一個地區及國家。

世界海底電纜分布圖

海底電纜最怕受到海底地震的破壞，例如2006年底的恆春大地震，曾因海底山崩破壞電纜，導致東亞的網路和國際電話皆受阻，造成龐大的損失。

 早在19世紀，人類發明電報與電話通訊後，便開始有在海底鋪設纜線以進行越洋通訊的想法。1852年，世界上第一條海底通訊電纜穿越英吉利海峽，連結了英國與法國。

 海底電纜原本以傳輸電報為主，後來才加入電話及網際網路通訊。現代**海底光纜**則使用光纖技術，在跨洋傳訊時比衛星更加穩定快速。

海洋100問
與海洋和平共處
Q86 → Q100

身為島國之子，你對海洋的認識夠多嗎？
是否知道該怎麼正確的親近並探索海洋呢？
在獲取並運用各種海洋資源之際，
又該怎麼同時兼顧海洋的永續發展呢？
一起來認識怎麼與海洋和平共處的各種方式吧！

Q86 在海邊進行水上活動，需要注意什麼事情呢？

A 確認天氣、海象，以及水域的安全條件後再出發，並盡量結伴同行。

海邊能進行的水上活動相當精采豐富，除了堆沙、球類運動、日光浴、放風箏等岸上活動之外，還有游泳、浮潛、衝浪、立槳等水上活動。

不過，海邊活動仍有一定的危險性，出發前請先確認當地天氣變化、水下環境風險、有沒有救生員，或是需要特別的安全裝備等注意事項再出發。

出發前

選擇有救生員的海域，並準備適合的裝備和救生用具。

查詢天氣、海象預報，避免在颱風前後或大潮時前往海邊。

事先查詢漲退潮時間，並避免在農曆初一、十五大潮期間前往海邊。

不在設有警告標誌的區域游泳，也不可在港區、礁岩等危險地區戲水。

結伴而行。兒童需有大人陪同，下水前也要先熱身。

注意天氣。天氣變差或是天色轉暗時，就不再下水並離開海邊。

相較於陸地，人在水中的動作會比較遲緩，比較無法敏捷反應天氣和環境變化。另一方面海岸及水面下地形不易觀察，猛然跳水也非常危險，需要特別小心。

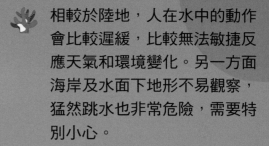

不任意跳水。戲水時應該留意並遵守警示標語，避免跳水等危險行為。

海洋小知識

會游泳 ≠ 會在海裡游泳

海中環境要比游泳池複雜許多，因此「海中游泳」與「泳池游泳」可說是完全不同的技能。

海裡常有銳利的礁岩，擦撞時有割傷的風險。

海水雖然浮力較大，但踩不到底也沒有池壁可以依靠。

潮汐、暗流、波浪會大幅消耗游泳時的體力；也要注意水母等有毒生物出沒。

Q87 風平浪靜的時候下水 一定沒問題嗎？

A 不一定，平靜海面下也可能有離岸流等 不易察覺的海流。

海邊除了肉眼可見的海浪與潮汐變化，還有藏在水下的**暗流**，其中最容易被忽略卻最致命的就是「**離岸流**」。

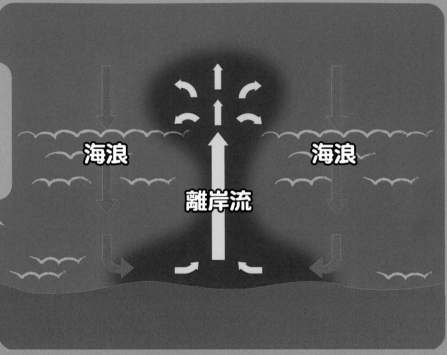

海浪　　　海浪

離岸流

離岸流是指當海浪拍打上岸後，海水從深處匯集並沖回大海，形成寬約10～30公尺的**強勁帶狀海流**。一旦遇上可能會被快速帶離海岸，非常危險。

哪邊常有離岸流？

不管天氣好壞，都有可能出現離岸流，但有大浪或大潮時特別容易出現。
當看到海邊浪花中間有特別無浪的地方，很有可能就是有離岸流的地方。

1 沙洲之間的縫隙

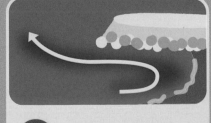

2 突出的堤防側邊

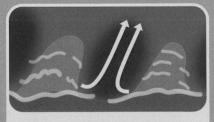

3 岸邊局部海底地形比較深的地方

遇到離岸流怎麼辦？

離岸流速度很快，連奧運選手都無法逆流上岸。省力的方法是先以「**平行海岸**」的方向游出離岸流的範圍，再游回岸上；如果體力不夠了，就放鬆身體、漂浮在海面上，揮手和拍打水花向救生員呼救。

在家創造離岸流

離岸流是水流與地形相互作用的結果，可以透過小實驗觀察漂浮物的流向。

● 準備器材：透明資料夾、剪刀、膠帶、保鮮盒、湯匙、小紙片、冰棒棍。

● 實驗步驟：

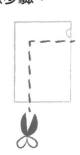

❶ 將資料夾剪成適當大小，彎曲後固定在保鮮盒的一側。

❷ 保鮮盒中加入水、撒上小紙片，再利用冰棒棍製造波動，觀察波浪變化。

❸ 將湯匙交疊模擬水下地形變化，再次撥動冰棒棍造浪，觀察水波有什麼不一樣。

Q88 為什麼人容易被瘋狗浪捲走呢？

 A 因為瘋狗浪出現的又急又大，
常常還沒反應過來就已經被浪吞沒了。

「**瘋狗浪**」是臺灣民間以突然咬人的狗為意象，用來比喻突如其來，又比普通海浪高大的海浪。瘋狗浪的波高可以比一般海浪高出一倍以上，對岸邊活動的人或船隻造成嚴重威脅。

一般認為瘋狗浪是由其他海區傳來的**湧浪**，在岸邊受到地形和海流的交互作用而形成異常巨浪，特別容易在東北季風較強的10月到隔年3月，以及遠方有颱風的時候出現，此時在海邊活動要特別小心。

瘋狗浪原理

夏　颱風

3 波浪互相堆疊、
共振而暴漲形成所謂的「瘋狗浪」。

冬　東北季風

1 遠方的風
吹起波浪

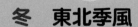

2 波浪抵達近岸被地形、
障礙物擠壓抬升。

Q89 如果不小心被海浪捲到海裡，該怎麼辦？

A 保護頭部並以仰漂方式等待救援。

海岸常有邊緣銳利、表面溼滑的礁岩和消波塊，不僅影響海流，也增加了上岸時的風險。

不小心落海時記得保護頭部、保持冷靜，不要在有浪的情況下強行上岸，稍微往外海浪小的區域移動，並以仰漂方式節省體力等待救援。

不會游泳也要學會的自救技巧

將衣物脫下並充滿空氣做成浮具。

全身放鬆仰躺漂浮，並用口快吐快吸來換氣。

Q90 如果看到有人落海了，應該怎麼做呢？

A 大聲呼救、撥打求救電話，盡快請求支援。

救生需要專業技術，除非通過訓練取得救生員執照，否則絕對不要自己下水救人。

發現落水者時，可以採取「叫叫拋」的簡易救溺步驟來幫助對方。

1 大聲呼救

3 將救生圈、寶特瓶、保冷箱等漂浮物拋給落水者。

2 撥打118（海巡署）、119（消防局）電話求援。

Q91 在海邊應該小心哪些常見的有毒生物呢？

 A 水母、海葵、海膽、藍環章魚、芋螺都是容易接觸到的有毒生物。

平常最容易遇到海洋生物的地方就在潮間帶，而這裡由於生物豐富、彼此競爭激烈，許多動物發展出各式各樣的武器來自保與獵食，遇見牠們還是「動眼不動手」才安全！

> 用眼睛觀察很美麗，用手碰可就慘兮兮！

潮間帶有毒生物類型

玉足海參

海參、海兔等會分泌有毒黏液。

藍環章魚

芋螺、章魚、石狗公等帶有能注入毒液的棘刺或牙齒。

扁猶帝蟲

海綿、剛毛蟲、海膽等體表有尖銳的棘刺。

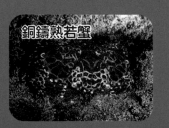

銅鑄熟若蟹

許多螃蟹、貝類、河豚體內都有吃下會中毒的毒素。

海洋小知識

臺灣毒魚排行榜

臺灣俚諺有所謂的「毒魚排行榜」，一般常聽到的是「一魟、二虎、三沙毛、四臭肚、五變身苦」，分別是指魟魚、鮋科魚、鰻鯰、象魚和金錢魚，牠們魚鰭處常有毒刺，對於沿海漁民和潛水者可能造成威脅。

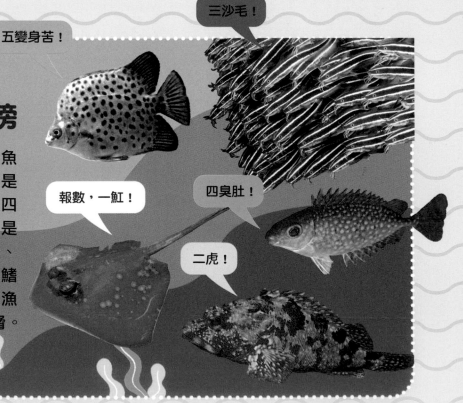

五變身苦！

三沙毛！

報數，一魟！

四臭肚！

二虎！

Q92 聽說水母常有毒，遇到時該怎麼辦呢？

 要用毛巾或衣物沾水清洗，並去除皮膚上的水母刺絲胞，絕對不能用手移除。

🪸 水母大多數是有毒生物，觸手上的**刺絲胞**含有毒素，能麻痺小魚等獵物，海邊活動時最好儘量避開。

🪸 不小心被水母螫傷可用沾水毛巾等物品先去除刺絲胞後再送醫，絕對不能用手移除，以免二次螫傷。

別名「葡萄牙戰艦」的僧帽水母含有劇毒，常在臺灣東部及東北部海域出現，被螫到時會引起劇烈的過敏反應，嚴重時甚至可能致命。

知道我的厲害吧！

好可怕！

💡 **海洋小知識**

海蜇皮原來是水母家族！

雖然多數的水母都有毒，不過餐桌上常見「海蜇皮」涼拌菜，卻是由名為「海蜇」的水母加工製作而成，吃起來口感清脆，在夏天時很受歡迎。其實這道菜只有取用海蜇傘部頂端的構造，並經由川燙後再涼拌，才能去除海蜇的毒性喔！

海蜇皮看起來好美味喔！

Q93 水族館或海生館的動物是哪裡來的呢？

A 透過人工繁殖或是在野外被捕捉及救傷而來。

水族館或海生館中的海洋生物來源很多，有些是由漁民手中購買而來，有些則是走私查獲或是擱淺、受傷的海洋動物，也會被轉送到海生館的收容中心。

水族館內展示的海洋動物，經常是吸引大量遊客的焦點。

海洋小故事

海生館的白鯨宣言

早期有些水族館常會展示野生海洋動物並進行表演，例如國立海洋生物博物館曾自俄羅斯引進十頭白鯨表演活動來吸引遊客，但其中七頭陸續因為心理緊迫、感染生病而死亡。

後來國立海洋生物博物館展開檢討並改善白鯨的生活環境及照護方法，也宣示未來不會再為了展示而輸入保育類野生海洋哺乳動物。

謝絕血汗馬戲表演！

海洋小知識

遇到鯨豚擱淺怎麼辦？

生活在大海的鯨魚和海豚，可能會因迷航、生病或受傷等因素，而受困於淺灘或停在岸上，無法自行游回大海。早期人們常覺得這是一種生物循環的自然現象，通常任其自然死亡。

早在十七世紀，荷蘭畫家范德維爾德（Esaias van de Velde）就曾描繪人們聚集在岸邊觀察擱淺鯨魚的場景。

但近年來發現許多鯨豚擱淺與人類活動相關，基於人道立場和動物保育，人們開始更積極的投入救援。通常遇到擱淺鯨豚要先採取扶正、保溼、記錄呼吸心跳等緊急措施，並切記不要喧嘩，以免牠們陷入心理緊迫，並靜候專家更進一步的救援。

發現擱淺鯨豚，可撥打「118」專線聯絡海巡署協助喔！

Q94 海洋汙染物是從哪裡來的呢？

A 人類的經濟行為、生活育樂等活動，都會為海洋帶來許多有形和無形的汙染物。

 人類在陸地上產生的各種廢棄物，如果沒有妥善處理，很容易會隨著風吹、河川流入大海。例如工廠或家庭的各種廢水、擱淺的船隻油汙、溶入雨水的空氣汙染，甚至是貨船不小心掉落的貨物、漁民沒有回收的毀壞漁具，都會讓海洋生物中毒，或是被困住而無法正常活動、生長。

有形汙染

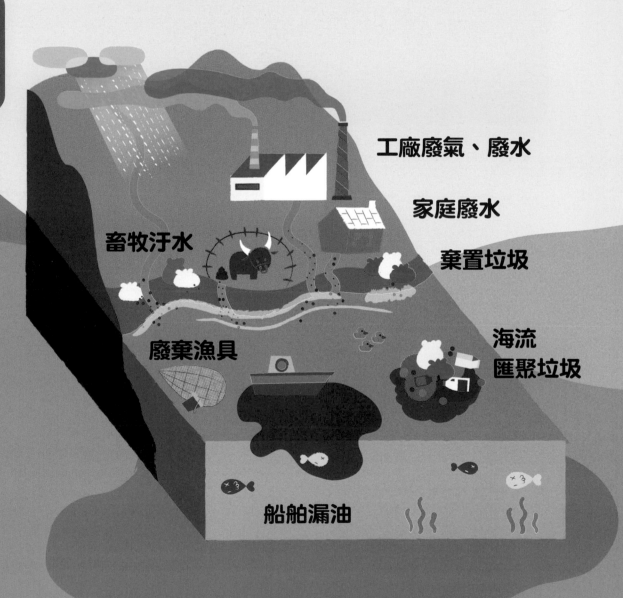

工廠廢氣、廢水

家庭廢水

畜牧汙水

棄置垃圾

廢棄漁具

海流匯聚垃圾

船舶漏油

人類還會製造無形的海洋汙染物，例如港口、岸邊、船隻的光源，可能讓生物混淆白天與黑夜，干擾生物的內分泌系統；地質、船運與軍事探測的聲納、沿岸公路與風力發電的噪音，則可能破壞魚類與鯨豚類原本用來溝通、探測環境的聽覺與回聲定位系統。

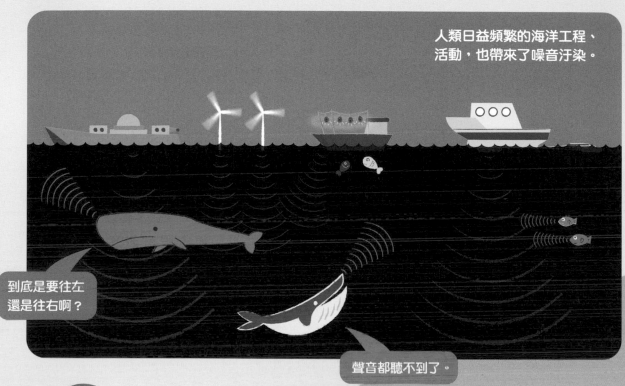

人類日益頻繁的海洋工程、活動，也帶來了噪音汙染。

到底是要往左還是往右啊？

聲音都聽不到了。

海洋小故事

不知道要多久才能回復美麗多元的珊瑚礁生態

阿瑪斯號漏油事件

2001年1月14日，希臘籍貨輪阿瑪斯號擱淺在墾丁龍坑海域，船身破裂後漏出大量油汙，造成沿岸生物大量死亡並嚴重破壞當地的珊瑚礁生態。其後環保署向船東提出國際訴訟求償，國內也開始更加重視海洋汙染防治事件的緊急應變處理。

二十多年前曾遭遇嚴重漏油汙染事件的墾丁龍坑海域，至今仍未完全復育。

Q95 海洋受到汙染會怎麼樣呢？

A 除了直接影響當地海洋生物的健康之外，汙染物也會隨著海流帶到世界各地。

固體垃圾可能被海洋生物吃下肚，或是造成纏勒傷害。油汙、廢水等汙染，則會讓海洋生物中毒。洋流更會進一步將這些汙染物帶到世界各地。

海洋小知識

生物放大作用

有些汙染物會滯留在生物體內，因此食物鏈上層的生物，例如大型魚類甚至人類，體內會隨著飲食累積越來越多汙染物，像是重金屬、塑膠微粒、環境賀爾蒙等等，這個就是「生物放大作用」。

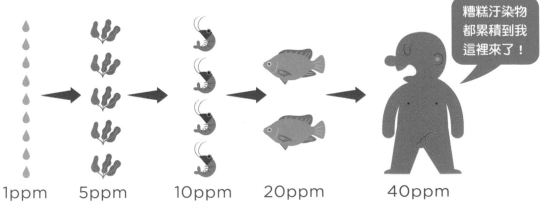

糟糕汙染物都累積到我這裡來了！

1ppm　　5ppm　　10ppm　　20ppm　　40ppm

註：ppm是表示「百萬分之一」的濃度單位。

Q96 漂流在海上的垃圾 最後會到哪裡去呢？

A 大多數海洋垃圾最後會匯聚在 北太平洋上的垃圾帶。

 在太平洋，**北太平洋環流系統**是相對靜止的區域，當水 流旋轉將周圍的垃圾帶進來就會逐漸累積，這些大量積 聚的漂浮廢棄物被稱為太平洋垃圾帶（塊）或「北太平 洋垃圾島」。

北太平洋垃圾帶大 致位於美國的加州 到夏威夷州的太平 洋海域。

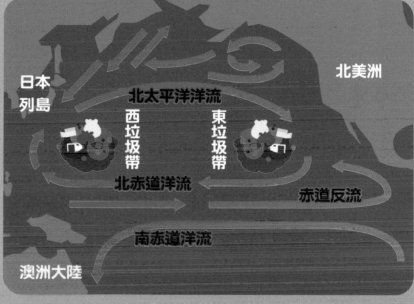

日本列島

北美洲

北太平洋洋流

西垃圾帶 東垃圾帶

北赤道洋流

赤道反流

南赤道洋流

澳洲大陸

海洋小知識

大洋裡的垃圾粥

垃圾島、垃圾帶的名稱，常讓 人誤以為海中的垃圾都是一團 一團分布。實際上絕大多數的 海洋垃圾在陽光曝晒以及海浪 拍打下，都變成漂浮在海面下 的小碎塊，其中又以塑膠微粒 最多，因而也有人以「垃圾粥」 來形容。

連用網子 都不好撈。

Q97 海洋動物會不小心把垃圾吃下肚嗎?

 A 會,許多海洋動物經常誤食塑膠垃圾而面臨嚴重的生存危機。

 對於海龜來說,半透明的塑膠袋看起來就像是水母一般。附著海藻的塑膠,在海鳥聞起來也非常像牠們常吃的食物。甚至是利用回音定位辨認獵物的鯨魚,也經常會把塑膠垃圾誤認食物吃下肚。

當海洋動物不小心把塑膠垃圾吃下肚,這些無法消化的垃圾,就會占據牠們的胃部空間,讓牠們再也吃不下其他食物,最後只能「撐著餓死」!科學家近期也發現越來越多鯨魚、海龜或海鳥的死因,都與誤食海洋垃圾有關。

Q98 珊瑚變白跟海洋環境的變化有關嗎？

A 珊瑚生病或死亡時會變白，大量珊瑚白化代表生態系受到重大影響。

珊瑚是珊瑚蟲和體內藻類的共生體，健康珊瑚呈現紅、黃、綠、藍、紫等多彩樣貌，主要來自共生藻的顏色加上珊瑚蟲的色素所形成。

如果海洋的環境改變，像是水溫升高、水變混濁或溶入過多的化學物質，會讓共生藻類產生毒素，珊瑚蟲只能將藻類排出以自保，並露出體內骨骼的白色，這種現象稱為「珊瑚白化」。

如果環境有改善，共生藻能長回來，白化的珊瑚就有機會回復本來的樣貌。

珊瑚蟲

共生藻

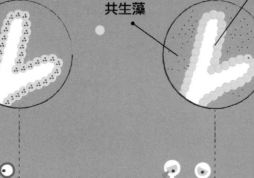

正常環境下珊瑚與藻類互利共生，呈現美麗的顏色。

環境惡化時珊瑚會排出共生藻而變白。

121

Q99 為什麼全球暖化會 讓海水變高呢？

 A 陸地上冰雪融化加上海水受熱膨脹，
所以海水體積逐漸增加，海平面也會上升。

 人類自19世紀以來已讓地球升溫了約1.1℃。受暖化影響，南北極附近陸地上的冰原、冰川等逐漸融化流入海中，海平面也隨之上升。

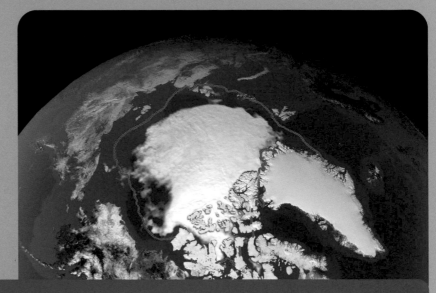

地球升溫也讓南北極海冰逐漸融化。圖為2021年北極海冰的範圍，較1908～2010年的平均範圍（黃線部分）約縮減了15%。

 聯合國政府間氣候變化專門委員會（IPCC）統計，1901～2018年全球海平面已經上升0.2公尺；至2100年，還會再上升0.28～0.55公尺，若暖化速度加速，甚至可能上升2公尺！會帶來非常嚴重的後果。

影響1

極端天氣頻繁

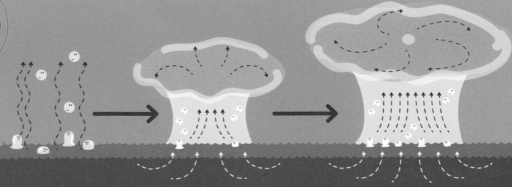

海平面上升後，海水體積增加，水氣蒸發會更為迅速，容易生成威力強大的颱風，造成極端天氣。

影響 2

島國和低窪地區
可能被海水淹沒

除了吐瓦魯、馬爾地夫等島國，可能面臨海平面上升的淹沒危機。氣候多雨又地勢平坦的孟加拉（上圖），也有10％領土可能被海水淹沒，1500萬人可能淪為氣候難民。

影響 3

部分地區出現
供水危機

冰山、冰川融解讓當地居民仰賴的穩定水源銳減。原本高山冰源很多的興都庫什暨喜馬拉雅山脈及南美安地斯山脈地區（上圖），都可能面臨嚴重的供水危機。

海洋小實驗

臉盆裡的海平面變化

- 準備器材：小臉盆、黏土、冰塊、牙籤
- 實驗步驟：

陸地被淹沒的原因！

1. 在臉盆中利用黏土做出陸地；加入水和冰塊，並用牙籤在黏土上標記水面位置。

2. 觀察水中冰塊融化後，水面上升變化。

3. 重複實驗第一步，但將冰塊放在黏土做的陸地上，觀察這次冰塊融化前後，水面高度的變化。

Q100 海洋這麼重要，可以怎麼做來保護海洋呢？

A 垃圾減量、選擇永續產品、節能減碳，都是生活中可以幫助到海洋的方法。

發電廠

減少不必要的能源消耗

1. 冷氣設置在 26～28℃之間

2. 隨手關燈、拔下短期內不使用的電器插頭

3. 多搭乘大眾運輸 BUS

海洋佔地球表面 71%，是地球最主要的生態系之一，無論在氣候調節、資源開發、交通運輸，以及漁業捕撈等各層面，都與人類生活密切相關。維護海洋環境的永續發展，是現今刻不容緩的重要議題。

在人類排放的空氣汙染與溫室氣體中，有相當大一部分來自「生產能源」的過程。因此從生活中的小舉動節約能源，積少成多就能大大降低海洋的負擔。

減少垃圾數量

1. 3C 產品不追求最新款式

2. 自備購物袋、環保餐具與杯具

3. 參加淨灘、淨海活動

4. 做好垃圾分類與回收

「塑膠微粒」是指小於 5 毫米的塑膠碎片，它們被生物吃下肚後會累積在體內並影響健康。只要從生活中減少使用及確實回收塑膠製品，就能從源頭減少塑膠微粒了。

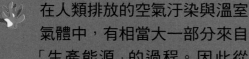

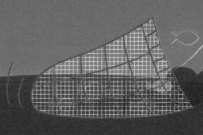

如果能進一步支持風力、太陽能等綠色能源，選擇更友善海洋的「**永續海鮮**」，甚至是在海邊活動時也能知道安全訣竅，你就是懂海的海洋達人啦！

負責任的海洋活動家

1. 在安全水域遊憩
2. 使用環境友善防曬品
3. 觀察生物動眼不動手

海洋健康再升級

1. 選擇永續海鮮
2. 支持綠色能源

永續海鮮
中央研究院
〈臺灣海鮮選擇指南〉
QR code

海洋小知識

SDGs是什麼？

2015年，聯合國宣布了17項「2030永續發展目標」（Sustainable Development Goals, SDGs），提供大家永續發展的方向。SDGs中有四項與海洋有關，可見海洋與人類永續生活密切相關的重要性。

 可負擔的潔淨能源

 保育海洋生態

 氣候行動

 淨水及衛生

本書與十二年國民基本教育課綱學習內容對應表

「海洋科學」不僅涉及地球科學諸多領域，也涵蓋了許多生物與彼此及環境間的密切互動，使其範疇廣納環境、海洋、生命、科技、能源、安全、防災、多元文化、戶外教育等多項十二年國教課綱強調議題。期待孩子能將本書內容於生活與學校課程間相互映證，必可得到收穫滿滿的探究樂趣。

國民小學教育階段中年級（3～4年級）

課綱主題	跨科概念	能力指標編碼及主要內容	本書對應內容
自然界的組成與特性	物質與能量（INa）	INa-II-1 自然界（包含生物與非生物）是由不同物質所組成。	海水是混合物：P15 地殼組成：P98
		INa-II-2 在地球上，物質具有重量，佔有體積。	全球暖化：P122～123
		INa-II-3 物質各有其特性，並可以依其特性與用途進行分類。	海水是混合物：P15　比熱：P23 密度與浮力：P83　地殼組成：P98
		INa-II-4 物質的形態會因溫度的不同而改變。	岩漿海：P12 全球暖化：P122～123
	構造與功能（INb）	INb-II-4　生物體的構造與功能是互相配合的。	有毒生物：P112～113
		INb-II-7　動植物體的外部形態和內部構造與其生長、行為、繁衍後代和適應環境有關。	滲透壓調節機制：P33 深海魚：P38～39 潮間帶：P58～59 廣鹽性生物：P63 有毒生物：P112～113
	系統與尺度（INc）	INc-II-5　水和空氣可以傳送動力讓物體移動。	洋流：P24～25 海浪：P28　濱海沙丘：P78 離岸流：P108　瘋狗浪：P110
		INc-II-8　不同的環境有不同的生物生存。	海藻與海草：P35 潮間帶：P58～59 半鹹水：P62 廣鹽性生物：P63 臺灣水下特色環境與生物：P72～73
		INc-II-9　地表具有岩石、砂、土壤等不同環境，各有特徵，可以分辨。	水循環：P14　沙岸與岩岸：P47 海岸地形：P53　地殼組成：P98
自然界的現象、規律及作用	改變與穩定（INd）	INd-II-1　當受外在因素作用時，物質或自然現象可能會改變。改變有些較快、有些較慢；有些可以回復，有些則不能。	冰河時期：P14　海岸線上移：P51 漲潮與退潮：P56～57 全球暖化：P122～123
		INd-II-5　自然環境中有砂石及土壤，會因水流、風而發生改變。	海底地形：P18　沙岸與岩岸：P47 海蝕地形：P48　差別侵蝕：P49 砂礫沉積：P50～51 濱海沙丘：P78
	交互作用（INe）	INe-II-1　自然界的物體、生物、環境間常會相互影響。	滲透壓調節機制：P33 濾食性動物：P37 深海魚：P38～39 生物礁：P54～55 潮間帶：P58～59 藍眼淚：P77
		INe-II-6　光線以直線前進，反射時有一定的方向。	海水顏色：P16
自然界的永續發展	科學與生活（INf）	INf-II-5　人類活動對環境造成影響。	海岸線上移：P51 海洋汙染：P116～121
		INf-II-7　水與空氣汙染會對生物產生影響。	海洋汙染：P116～121
	資源與永續性（INg）	INg-II-1　自然環境中有許多資源。人類生存與生活需依賴自然環境中的各種資源，但自然資源都是有限的，需要珍惜使用。	漁法：P92～93
		INg-II-2　地球資源永續可結合日常生活中低碳與節水方法做起。	保護海洋環境的方法：P124～125
		INg-II-3　可利用垃圾減量、資源回收、節約能源等方法來保護環境。	保護海洋環境的方法：P124～125

國民小學教育階段高年級（5~6年級）

課綱主題	跨科概念	能力指標編碼及主要內容	本書對應內容
自然界的組成與特性	物質與能量（INa）	INa-III-2　物質各有不同性質，有些性質會隨溫度而改變。	岩漿海：P12　比熱：P23 密度與浮力：P83 全球暖化：P122～123
		INa-III-3　混合物是由不同的物質所混合，物質混合前後重量不會改變，性質可能會改變	海水是混合物：P15
	構造與功能（INb）	INb-III-6　動物的形態特徵與行為相關，動物身體的構造不同有不同的運動方式。	海洋生物移動方式：P42
		INb-III-7　植物各部位的構造和所具有的功能有關，有些植物產生特化的構造以適應環境。	海藻與海草：P35
		INb-III-8　生物可依其形態特徵進行分類。	五界分類系統：P32 有毒生物：P112～113
	系統與尺度（INc）	INc-III-8　在同一時期，特定區域上，相同物種所組成的群體稱為「族群」，而在特定區域由多個族群結合而組成「群集」。	潮間帶：P58～59
		INc-III-9　不同的環境條件影響生物的種類和分布，以及生物間的食物關係，因而形成不同的生態系。	海藻與海草：P35　濾食性動物：P37 潮間帶：P58～59 臺灣水下特色環境與生物： P72～73
		INc-III-10　地球是由空氣、陸地、海洋及生存於其中的生物所組成的。	水循環：P14
		INc-III-12　地球上的水存在於大氣、海洋、湖泊與地下中。	水循環：P14
		INc-III-15　除了地球外，還有其他行星環繞著 太陽運行。	適居帶：P13
自然界的現象、規律及作用	改變與穩定（INd）	INd-III-5　生物體接受環境刺激會產生適當的反應，並自動調節生理作用以維持恆定。	滲透壓調節機制：P33 深海魚：P38～39 廣鹽性生物：P63　藍眼淚：P77
		INd-III-6　生物種類具有多樣性；生物生存的環境亦具有多樣性。	五界分類系統：P32 海藻與海草：P35 潮間帶：P58～59 臺灣水下特色環境與生物： P72～73
		INd-III-9　流水、風和波浪對砂石和土壤產生侵蝕、風化、搬運及堆積等作用河流是改變地表最重要的力量。	海底地形：P18　沙岸與岩岸：P47 海蝕地形：P48　差別侵蝕：P49 砂礫沉積：P50～51 濱海沙丘：P78
		INd-III-10　流水及生物活動，對地表的改變會產生不同的影響。	海底地形：P18　沙岸與岩岸：P47 砂礫沉積：P50
		INd-III-11　海水的流動會影響天氣與氣候的變化。氣溫下降時水氣凝結為雲和霧或昇華為霜、雪。	洋流：P24～25 黑潮：P70～71
		INd-III-12　自然界的水循環主要由海洋或湖泊表面水的蒸發經凝結降水再透過地表水與地下水等傳送回海洋或湖泊。	水循環：P14
	交互作用（INe）	INe-III-1　自然界的物體、生物與環境間的交互作用，常具有規則性。	滲透壓調節機制：P33 洄游：P41　藍眼淚：P77
		INe-III-7　陽光是由不同色光組成。	海岸線上移：P51
		INe-III-8　光會有折射現象，放大鏡可聚光和成像。	全球暖化：P122～123
自然界的永續發展	科學與生活（INf）	INf-III-4　人類日常生活中所依賴的經濟動植物及栽培養殖的方法。	養殖漁業：P91
	資源與永續性（INg）	INg-III-1　自然景觀和環境一旦被改變或破壞，極難恢復。	海岸線上移：P51
		INg-III-4　人類的活動會造成氣候變遷，加劇對生態與環境的影響。	全球暖化：P122～123
		INg-III-5　能源的使用與地球永續發展息息相關。	風力發電：P79 海洋發電：P102～103
		INg-III-7　人類行為的改變可以減緩氣候變遷所造成的衝擊與影響。	風力發電：P79 海洋發電：P102～103

國民中學教育階段（7～9年級）

主題	次主題	能力指標編碼及主要內容	本書對應內容
物質的組成與特性（A）	物質的型態、性質及分類（Ab）	Ab-IV-2　溫度會影響物質的狀態。	岩漿海：P12
		Ab-IV-4　物質依是否可用物理方法分離，可分為純物質和混合物。	海水是混合物：P15
能量的形式、轉換及流動（B）	溫度與熱量（Bb）	Bb-IV-2　熱會改變物質形態，例如狀態產生變化、體積發生脹縮。	岩漿海：P12 全球暖化：P122～123
生物體的構造與功能（D）	生物體內的恆定性與調節（Dc）	DC-IV-5　生物體能覺察外界環境變化，採取適當的反應以使體內環境維持恆定，這些現象能以觀察或改變自變項的方式來探討。	滲透壓調節機制：P33 廣鹽性生物：P63　藍眼淚：P77
地球環境（F）	組成地球的物質（Fa）	Fa-IV-1　地球具有大氣圈、水圈和岩石圈。	水循環：P14　地殼組成：P98
		Fa-IV-5　海水具有不同的成分及特性。	海水是混合物：P15
演化與延續（Gc）	生物多樣性（Gc）	Gc-IV-1　依據生物形態與構造的特徵，可以將生物分類。	五界分類系統：P32 海藻與海草：P35
變動的地球（I）	海水的運動（Ic）	Ic-IV-1　海水運動包含波浪、海流和潮汐，各有不同的運動方式。	海浪：P28　洋流：P24～25 漲潮與退潮：P56～57 黑潮：P70～71 離岸流：P108　瘋狗浪：P110
		Ic-IV-2　海流對陸地的氣候會產生影響。	洋流：P24～25　黑潮：P70～71
		Ic-IV-4　潮汐變化具有規律性。	漲潮與退潮：P56～57
變動的地球（I）	海水的運動（Ic）	Ic-IV-1　海水運動包含波浪、海流和潮汐，各有不同的運動方式。	海浪：P28　洋流：P24～25 漲潮與退潮：P56～57 黑潮：P70～P71 離岸流：P108　瘋狗浪：P110
	萬有引力（Kb）	Kb-IV-1　物體在地球或月球等星體上因為星體的引力作用而具有重量；物體之質量與其重量是不同的物理量。	漲潮與退潮：P56～57
		Kb-IV-2　帶質量的兩物體之間有重力，例如萬有引力，此力大小與兩物體各自的質量成正比、與物體間距離的平方成反比。	漲潮與退潮：P56～57
	生物與環境的交互作用（Lb）	Lb-IV-2　人類活動會改變環境，也可能影響其他生物的生存。	海岸線上移：P51　漁法：P92～93 海洋汙染：P116～121 全球暖化：P122～123
		Lb-IV-3　人類可採取行動來維持生物的生存環境，使生物能在自然環境中生長、繁殖、交互作用，以維持生態平衡。	漁法：P92～93
科學、科技、社會及人文（M）	科學、技術及社會的互動關係（Ma）	Ma-IV-2　保育工作不是只有科學家能夠處理，所有的公民都有權利及義務，共同研究、監控及維護生物多樣性。	保護海洋環境的方法：P124～125
		Ma-IV-4　各種發電方式與新興的能源科技對社會、經濟、環境及生態的影響。	風力發電：P79 海洋發電：P102～103
	環境汙染與防治（Me）	Me-IV-1　環境汙染物對生物生長的影響及應用。	海洋汙染：P116～121
		Me-IV-4　溫室氣體與全球暖化。	全球暖化：P122～123
		Me-IV-6　環境汙染物與生物放大的關係。	海洋汙染：P116～121
資源與永續發展（N）	永續發展與資源的利用（Na）	Na-IV-2　生活中節約能源的方法。	保護海洋環境的方法：P124～125
		Na-IV-3　環境品質繫於資源的永續利用與維持生態平衡。	漁法：P92～93
	氣候變遷之影響與調適（Nb）	Nb-IV-2　氣候變遷產生的衝擊有海平面上升、全球暖化、異常降水等現象。	全球暖化：P122～123
	能源的開發與利用（Nc）	Nc-IV-4　新興能源的開發，例如：風能、太陽能、核融合發電、汽電共生、生質能、燃料電池等。	風力發電：P79 海洋發電：P102～103 保護海洋環境的方法：P124～125

索引 （依筆劃、字數、注音順序排列）

參考資料

書籍
李承錄，趙健舜（2020）。海洋博物誌（北台灣）：飽覽海岸與水下生態！700種魚類與無脊椎生物辨識百科。麥浩斯。

李承錄，趙健舜（2022）。海洋博物誌2｜近岸珊瑚礁｜：潛進南方的繽紛碧藍！墾丁、小琉球、台東、澎南，920種熱帶珊瑚礁生物辨識百科。麥浩斯。

洪明仕（2019）。海洋環境與生態保育（2版）。華都文化。

戴昌鳳（2014）。臺灣區域海洋學。國立臺灣大學。

網站
中央氣象局數位科普網
https://edu.cwb.gov.tw/PopularScience/

臺灣海洋教育中心
https://tmec.ntou.edu.tw/

海洋委員會全球資訊網
https://www.oac.gov.tw/ch/index.jsp

國家海洋研究院全球資訊網
https://www.namr.gov.tw/ch/index.jsp

中央研究院生物多樣性研究中心
https://biodiv.tw/

中央研究院細胞與個體生物學研究所臨海研究站
https://sl.icob.sinica.edu.tw/mrs/

臺灣海鮮選擇指南
https://fishdb.sinica.edu.tw/seafoodguide/

國立臺灣大學海洋中心
http://occ.ntu.edu.tw/

國立海洋科技博物館
https://www.nmmst.gov.tw/chhtml/

國立海洋生物博物館
https://www.nmmba.gov.tw/

科技大觀園
https://scitechvista.nat.gov.tw/

滔滔
Ocean says http://blog.oceansays.info/

環境資訊中心
https://e-info.org.tw/

科學月刊
https://www.scimonth.com.tw/

泛科學
https://pansci.asia/

美國國家航空暨太空總署
https://www.nasa.gov/

美國國家海洋暨大氣總署
https://www.noaa.gov/

國立研究開發法人海洋研究開發機構
（日本，簡稱JAMSTEC）
https://www.jamstec.go.jp/j

作繪者簡介

潘昌志　作者

國立臺灣大學海洋研究所碩士，上班族兼科普作家，在網路與平面媒體專欄撰寫科普文章超過百餘篇。喜歡自然科學、想當地球科學家是小時候的夢想，長大後又發現了說故事的興趣，合起來就是以地球科學為主的科普寫作，希望用知識傳播多給社會正向力量。在氣象局服研發替代役時吸取了滿滿的地震科學實務，之後便與馬國鳳教授合作「震識：那些你想知道的震事」部落格，為大家帶來深入淺出的地震知識，也用故事串起科學和社會的連結。

陳彥伶　繪者

美國紐約普瑞特藝術學院視覺傳達設計碩士。以前很愛看動畫《小美人魚》，當她將撿到的人類叉子用來梳頭時，畫面特別逗趣可愛。不過現在的美人魚大概每天都會收到一堆塑膠刀叉跟吸管「從天而降」，超級困擾吧。以作品《狐狸與樹》榮獲好書大家讀，年度優秀繪圖者獎；作品《企鵝演奏會》榮獲信誼幼兒文學獎；也曾榮獲兒童文學牧笛獎、入圍台北國際書展大獎、openbook 年度童書等。FB粉絲專頁：老鼠愛說話（mouse.chit.chat）。

監修審定團隊

戴昌鳳　教授

國立臺灣大學海洋研究所教授。多年來致力於海洋生物相關研究，潛水足跡遍及臺灣、北方三島、東沙、南沙太平島及世界各大洋等，為台灣珊瑚礁生態研究先驅，著有學術論文兩百餘篇，專書十餘冊。

劉家瑄　教授

國立臺灣大學海洋研究所名譽教授。多年來致力於海洋地質與地球物理研究，在臺灣周邊海域與南海之海床測繪、海洋地球物理調查等專業領域上有所貢獻，著有學術論文上百篇。

曾于恒　教授

美國史丹佛大學博士，曾任美國大氣科學研究中心研究員，現任國立臺灣大學海洋研究所教授暨臺大海洋中心主任。主要研究與教學為海氣交互作用與海洋氣候變遷。著有學術論文上百篇，榮獲109年度科技部傑出研究獎。

本書圖照來源如下：
Shutterstocks：P14、P15、P16、P17、P19（世界地圖）、P21（雙獅岩、小琉球）、P22、P23、P33、P36、P25、P40、P42、P43、P47、P49、P52（擬糞）、P53、P54、P58、P60（藤壺）、P61、P62、P63（白蝦、鮭魚、鰻魚）、P69、P73（三棘鱟、烏龜怪方蟹、巴氏豆丁海馬）、P75、P76、P77、P78、P82、P84、P93、P94、P96（柴油電動潛艇、鸚鵡螺）、P98、P99、P114、P115（擱淺海豚）、P117、P118、P119、P120、P121、P123
Wikipedia：P20、P21（太平島）、P27、P29（颱風路徑）、P39、P48、P52（平掌沙蟹、圓球鼓窗蟹）、P55（藻礁）、P60（弧邊招潮蟹）、P63（海茄苳）、P71、P73（弧邊招潮蟹、梅氏長海膽、倒立水母、雪花鴨嘴燕魟）、P79、P85（長範輪、海洋綠洲號、福特號）、P86、P87、P91、P92（漁船）、P96（鸚鵡螺號）、P100、P101（海研一號）、P103、P112、P113、P115（范德維爾德畫作）
NASA：P13、P29（泰利颱風）、P22、P122
GEBCO：P19（海底地形圖）
劉文彬：P92（萬里捕鰻魚苗）
作者提供：P50、P85（旗津二號渡輪）、P101（地球號）

◕◕少年知識家

海洋100問

最強圖解×超酷實驗
破解一百個不可思議的大海祕密

作者	潘昌志
繪者	陳彥伶
總監修	國立臺灣大學海洋中心
責任編輯	林欣靜、詹嬿馨、戴淳雅、曾柏諺
美術設計	TODAY STUDIO
行銷企劃	葉怡伶

天下雜誌群創辦人	殷允芃
董事長兼執行長	何琦瑜
媒體暨產品事業群	
總經理	游玉雪
副總經理	林彥傑
總編輯	林欣靜
行銷總監	林育菁
主編	楊琇珊
版權主任	何晨瑋、黃微真

出版者	親子天下股份有限公司
地址	台北市104建國北路一段96號4樓
電話	（02）2509-2800　傳真　（02）2509-2462
網址	www.parenting.com.tw
讀者服務專線	（02）2662-0332　週一～週五：09：00～17：30
讀者服務傳真	（02）2662-6048　客服信箱　parenting@cw.com.tw
法律顧問	台英國際商務法律事務所・羅明通律師
製版印刷	中原造像股份有限公司
總經銷	大和圖書有限公司　電話　（02）8990-2588

出版日期	2022年 8月　第一版第一次印行
	2024年 4月　第一版第四次印行
定價	520元
書號	BKKKC213P
ISBN	978-626-305-277-2（精裝）
訂購服務	
親子天下Shopping	shopping.parenting.com.tw
海外・大量訂購	parenting@cw.com.tw
書香花園	台北市建國北路二段6巷11號　電話　（02）2506-1635
劃撥帳號	50331356 親子天下股份有限公司

國家圖書館出版品預行編目資料

海洋100問：最強圖解×超酷實驗 破解一百個不可思議的大海祕密/潘昌志作；陳彥伶繪. -- 第一版. -- 臺北市：親子天下股份有限公司，2022.08 132面；21 x 29.7公分 --

ISBN 978-626-305-277-2（精裝）
CST: 1.海洋學　2.通俗作品
351.9　　　　　　1111010140

親子天下
有聲故事書

立即購買 >